科学新视角丛书

新知识　新理念　新未来

身处快速发展且变化莫测的大变革时代，我们比以往更需要新知识、新理念，以厘清发展的内在逻辑，在面对全新的未来时多一分敬畏和自信。

魔鬼元素

——磷与失衡的世界

[美] 丹·伊根(Dan Egan) 著

温建平 译

上海科学技术出版社

图书在版编目（CIP）数据

魔鬼元素 ： 磷与失衡的世界 / （美）丹・伊根（Dan Egan）著 ；温建平译. -- 上海 ：上海科学技术出版社，2024. 9. --（科学新视角丛书）. -- ISBN 978-7-5478-6801-0

Ⅰ. O611-49

中国国家版本馆CIP数据核字第2024BC7002号

封面图片来源：视觉中国

魔鬼元素——磷与失衡的世界

［美］丹・伊根（Dan Egan）著
温建平　译

上海世纪出版（集团）有限公司
上海科学技术出版社 出版、发行
（上海市闵行区号景路159弄A座9F-10F）
邮政编码201101　www. sstp. cn
上海展强印刷有限公司
开本 787×1092　1/16　印张 14.5
字数 181千字
2024年9月第1版　2024年9月第1次印刷
ISBN 978-7-5478-6801-0 / N・281
定价：59.00元

谨此纪念克里斯托弗·马什（Christopher Marsh）

致读者

磷是元素周期表上的第15号元素，在自然界中一般不会单独存在。尽管磷原子是地球上每个生物细胞所需的元素，但它们会与4个氧原子自然结合在一起，形成磷酸盐分子。本书并不谈氧原子，所以在绝大多数情况下，我会使用“磷”这个术语，不过在有些情况下，比如在引用他人的话语中，我还是会使用“磷酸盐”这个术语。

我也明白，用藻华这个科学术语来描述浮游植物的暴发比较合适，这种暴发令人不适（有时还具有毒性）。但是普通大众通常会使用藻类大量繁殖这个词语，而他们正是本书的目标读者。

顺着这些思路，本书并不打算为磷下定论。普通大众中很多人可能还没有意识到这个世界所面临的与磷相关的种种问题，因为这种元素具有双重作用，它既是有毒藻类的诱发因素，又是作物必不可少且正变得日益稀缺的养分。一些科学家多年来一直在研究这些问题，现在也涌现出大量的新兴技术与应用来解决磷的滥用或（和）磷的稀缺问题。本书并没有对此进行梳理。我在本书中讨论的是恢复磷元素较好平衡状态的一些可能路径，但本书并不打算为磷的悖论开出处方，而仅仅是对此作一简要介绍。

目 录

引言

2018年夏末的一天，亚伯拉罕·杜阿尔特（Abraham Duarte）驾车在佛罗里达州开普科勒尔（Cape Coral）的一条社区街道上飞驰着，突然他从后视镜中瞥见有红蓝警灯开始闪烁。他抛下他那辆黑色的雷克萨斯，徒步逃进一片杂乱无章的院子，但他很快又从草地中跑了出来。

警察气喘吁吁地追了上来，身上的执法记录仪也随着身体不停晃动着，此刻杜阿尔特有两个选择：要么转过身，直面叮当作响的手铐和因超速被拦截后拒捕的后果；要么就像这位22岁的年轻人左臂上所纹的“把握机会”这几个字所提示的那样游过去。

杜阿尔特一头扎进了其中一条水渠，这条水渠和许多狭窄的行船水道一样穿过开普科勒尔的社区。这是个错误的选择。问题并不是杜阿尔特不会游泳，而是他并没有真正跳进水里；水渠的表面被一种绿色藻类糊状物覆盖着，这种糊状物像燕麦粥那么浓稠，而且还有毒。

“救命呀，快帮帮我！我要死了！！”[1]杜阿尔特尖叫着，有毒的雾气笼罩着他，此时水渠边上的警员则焦急地通过无线电呼叫后援带救援绳索来。杜阿尔特的脸马上就要陷到黏液里了。一名警员叫他仰面朝天，尽量把嘴巴和鼻子从有毒的黏液表面露出来。

“该死！”杜阿尔特一边哀号一边尝试着用狗刨姿势爬上岸。

“快离开那儿，那东西会要你命的！”一位警员喊道。“真的，伙计，那东西会要了你的命。”

当杜阿尔特离水渠岸边还有几码远时，他的脚终于踩到了河底。这个时候他是没有被淹死的危险了，可麻烦并没有结束。他开始剧烈地呕吐起来。

杜阿尔特快到水渠边时，他伸出了手，戴着橡胶手套的警察将他拉上了岸。他们把他脸朝下按倒在地，给他戴上手铐，用浇花的水管简单给他冲洗了一下，那水管几乎和糊在他眼睛、鼻孔和喉咙上的污垢一样，都是绿的。杜阿尔特说，这些污垢闻起来像“大粪”[2]。他被送往医院，之后被指控（无暴力）拒捕和持有某项管制物品。

杜阿尔特在水渠中死里逃生几天后，他因胃肠道和呼吸道不适还在治疗之中，全国各地的电视新闻主播在讲解警察身上执法记录仪记录的追捕视频时个个忍俊不禁。这段视频大概又为“佛罗里达男子汉”传奇再添浓墨重彩的一笔。来自阳光之州*的某些男性因一些令人大惑不解的愚蠢行为而上了头条，“佛罗里达男子汉”即是网络上对这种人的嘲讽。

但杜阿尔特陷入有毒泥潭这事，却不仅仅是一场笑话。

这是一个预兆。

同年夏天，在佛罗里达半岛另一边，与开普科勒尔遥遥相对的一个海滩社区斯图尔特（Stuart）小城，上百名惶恐不安的业主在工作日中午聚集在市政厅，要求市政府采取措施处理危害沿海水域的绿色黏

* 指佛罗里达州。——译者注

性物质。那是一个溽热难耐的七月天，像斯图尔特这样的小镇就是为避暑而建的，但市政厅外人行道上的标志却在警告着游客：

蓝绿藻——切勿与水接触

参会人员开始介绍自己和所在机构，很明显，这不是环保人士的一次普通聚会。他们并不是在共谋策略，来保护某些身陷困境的物种及其赖以生存的遥不可及的土地或水域。这些人代表着诸多企业以及业主协会、钓鱼与游艇俱乐部，他们说话的口气就好像他们才是遭受威胁的物种。

威尔·恩布里（Will Embrey）是个不修边幅的职业渔民，在绿色黏液出现后不久，该地区的鲭鱼群就消失了，他的生意也一起垮掉了。他说："我需要帮助。有很多像我这样的人都需要帮助。"[3]这位45岁的汉子身患慢性胃痛，这个病症最初被诊断为憩室炎，后来又说是溃疡性结肠炎，再后来又说是克罗恩病。医生们曾试图找出是什么原因使得恩布里的病症如此严重，但最终还是只好作罢了。

恩布里无须花费数万美元请更多的专家，做CT扫描、做化验来查清病因。他知道就是因为有毒的水，而且也不止他一个人如此。

许多患者涌入当地诊所和急诊室，向医生主诉奇奇怪怪的呼吸道问题和胃肠道疾病，最后，当地卫生网络的负责人在市政厅会议的前几天，宣布该地区进入公共卫生"危机"状态[4]。为了评估过去几年中斯图尔特夏季常见藻类危及的范围，他指示各诊所开始了解这些患者是否曾游过泳或与露天水域有过其他接触——对于一个号称佛罗里达十大海滩小镇来说，这可不是什么好消息。

会议主持人、一位当地的共和党政客说道："女士们，先生们，这简直令人难—以—置—信—啊。但对于所有听众来说，这却是真实的！是正在发生的事情！”[5]

早在20世纪70年代初，一位名叫约翰·瓦伦泰恩（John Vallentyne）的著名生态学家就曾做出过一个可怕的预言：数十年来肆无忌惮的工业和城市污染威胁着北美的河流和湖泊，就像大萧条时期（Great Depression），盲目开垦耕作给大平原（Great Plains）地区*带来了极大危害——土壤干旱，狂风肆虐，埋下了“黑色风暴”的种子。狂风大作之时，连野兔都睁不开眼，北美草原上成千上万的居民沦为环境难民。

瓦伦泰恩曾任加拿大渔业和海洋部（Department of Fisheries and Oceans）首席科学家，他说：“2000年之前，我们会经常看到藻暴（Algal Bowl）的出现，若不采取措施扭转这种局势，其对水的影响与20世纪30年代发生的美国尘暴**（American Dust Bowl）对陆地的影响相差无几。”[6]

在一些近岸湖区，伊利湖（Lake Erie）以盛产大眼鰤鲈而闻名的水域在20世纪60年代已经退化成一种黏稠、不见鱼类踪迹的绿色汤汁。当时造成伊利湖和其他水体缺氧窒息的藻类并无毒性，但仍然是致命的。这些绿色的藻团有时会绵延数百平方英里，它们分解腐烂时会消耗水中大量的氧气，形成大面积的“死水区”，几乎没有生物能存活其中。到20世纪70年代初，伊利湖已成为美国的“死海”（Dead Sea）。

为了解决这个问题，不同政治派别的立法者通过了《清洁水法》

---

* 又称北美大草原，指北美大陆中西部广大的地区，面积约130万平方千米，包括了美国的科罗拉多、蒙大拿、得克萨斯等10个州和加拿大阿尔伯塔等3个省以及墨西哥北部一小部分面积在内的辽阔地域。——译者注

** 是指20世纪30年代美国中部地区暴发的一系列沙尘暴自然灾害。由于当时美国中西部地区发现了石油等资源，人口大量涌入，带动了工农业的发展，但同时也严重破坏了生态平衡，加之连年的干旱引发了严重的沙尘暴，又时逢经济大萧条，民众生活和社会经济遭受了巨大的打击。——译者注

（Clean Water Act）。该法案禁止产业和城市将公共水体作为废物泻湖，从而全面改善了伊利湖和美国大陆水域的水质。

为了加快清洁进程，激励后人做得更好，瓦伦泰恩又承担了一份工作——也变换了另一个身份。他穿着狩猎装，背上绑着一个沙滩球大小的地球仪，以“约翰尼生物圈”（Johnny Biosphere）的形象出现在北美各地的讲堂里。他向人们传递的信息是：“善待地球，地球也会善待你！”[7]

约翰尼生物圈经常要对8岁左右的听众讲话，所以他的口号直白简单，用的是完全相反的预示推论——虐待地球，地球也会虐待你。

这不是一本儿童读物。

《清洁水法》的一个标志性要素是，任何行业或市政当局，哪怕是向公共水域排放一滴污水，都必须首先申请污染许可证。其理念是，这些许可证必须定期更新，而且随着废弃物处理技术的进步，污染者获得授权排放的废物数量也必须稳步减少。

这部法律发挥了很好的作用，但它为一个特殊的行业——农业留下了一个巨大的豁免权。这个漏洞有其合理的一面。相对而言，过滤从管道中汩汩流出的东西或擦洗烟囱中飘然而出的那些东西比较容易，你却无法仅用一把扫帚来清理农田里过量的杀虫剂和肥料，这些东西会被雨水冲走，污染公共水域。

当然，可以首选限定农民在田里施放化肥的种类和数量，但立法者最终还是选择了给他们放行。

《清洁水法》未能对农业生产进行充分监管，是今天藻类孳生泛滥的根源，因为从农田中冲刷出的肥料是藻类大量繁殖的罪魁祸首。更糟糕的是，如今遍布美国各地湖泊和池塘中的许多绿色黏稠物实际上并不是藻类，而是光合作用细菌的原始形态，它们共同产生一系列毒素，有些毒素的威力堪比军事实验室中制造的任何物质。事实上，有一种藻类毒性太过强大，科学家给它起了一个颇具朋克摇滚风的名字——“快速死亡因子”（very fast death factor）。

如果你还没有听说过新出现的蓝绿藻的威胁，那你很快就会听说的，它们产生的毒素被称为蓝藻毒素。

仅在 2021 年一年之中，美国各地的媒体就报道说有大约 400 个水体遭绿色黏液侵袭，比上一年增加了 25%。从密西西比州的比洛克西（Biloxi），到缅因州的刘易斯顿（Lewiston），到威斯康星州的麦迪逊（Madison），再到华盛顿州的斯波坎（Spokane），各处海滩都深受其害。在 2017—2019 年，美国各地有 300 多人因接触有毒藻类污染的水体后被送进了急诊室。2014 年伊利湖的一次藻类大量繁殖污染了俄亥俄州托莱多（Toledo）约 50 万人的供水。

截至目前，唯一被正式确认为由蓝绿藻引起的人类死亡事件发生在 20 世纪 90 年代末的巴西，当时公共供水系统暴发污染，导致一家透析中心数十人死亡。种种令人担忧的迹象表明，今后可能还会有更多的此类事件发生。其实此类事件已经发生多起了。

2002 年，威斯康星州的一名验尸官曾说，7 月一个炎热的夜晚，一名 17 岁的男孩翻越栅栏，跳进一个蓝绿藻肆虐的高尔夫球场池塘里乘凉时离奇死亡，致命因素可能就是蓝藻毒素[8]。

2021 年夏末，加利福尼亚一对年轻夫妇被发现死于约塞米蒂国家公园（Yosemite National Park）一条步道上，路旁的默塞德河（Merced River）布满了蓝绿藻。这种藻类毒素也是这起神秘死亡案件的主要嫌疑对象。尽管当局后来认定体温过高是罪魁祸首，但从沿途河流中采集的河水样本显示，快速死亡因子（鱼腥藻毒素 anatoxin-a）的含量已经高得堪忧。

这些有毒藻类大量繁殖所污染的水，只消有溅起水花的量就足以毒死一只宠物，但这些有毒藻类大量繁殖并不是只有美国本土有。它们威胁的也不仅仅是狗。2020 年，博茨瓦纳政府声称，356 头非洲大象因饮用了受到有毒藻类大量繁殖污染的水坑的水而死亡[9]。

蓝绿藻，又称蓝细菌，已经存在了数十亿年，但气候变化加剧了蓝绿藻对环境的毒性作用，因为不断变暖的水体为它们大量繁殖提供了温床，大气中不断增加的碳含量给它们提供了充足的养料。

蓝细菌泛滥的另一个罪魁祸首是仅有指甲盖大小、像癌细胞一样在北美扩散的入侵生物物种斑贝和斑驴贻贝。受到这种里海盆地（Caspian Sea basin）土生生物入侵的水体特别容易暴发有毒藻类，因为这种滤食性软体动物几乎会吃掉除蓝绿藻以外的所有浮游生物[10]。这样一来，蓝绿藻在与构成健康湖泊食物链基础的无毒藻类的竞争中就占据了优势。这意味着贻贝入侵的湖泊一旦发生藻类暴发，就可能成为有毒湖泊。

但可以说，蓝绿藻大量繁殖最重要的诱发因素却出乎许多人的意料。要了解有毒藻类影响因素中的这一因素是如何威胁世界各地水域的，你只需要去佛罗里达州斯图尔特西北方向 100 多英里（1 英里 =1.61 千米）处走走即可。那里潜藏着佛罗里达州蓝绿藻问题的根本原因，也是整个北美大陆类似的水资源问题的根本原因——尽管在 2018 年斯图尔特市政厅的会议上，人们根本想不到佛罗里达州中部这片荒芜之地，也就是在西北方向只有几个小时车程的地方，会与他们面对的公共健康危机有什么关系。这个地方叫骨谷（Bone Valley）。

在坦帕（Tampa）以东约 35 英里处有一个奇特的旅游景点，其标志是一台硕大无比的单斗式挖掘机，可以一下子铲起能装满几辆自卸卡车的岩石和石块。小孩子们就像玩沙盒游戏一样，在从斗齿间流出的卵石中玩耍。大一点的孩子（和他们的父母）则在其间找寻早已不复存在的野生动物的踪迹。

数百万年来，随着海平面的上升与下降，如今佛罗里达州所在的这片狭长的沙质土地随着水线涨落时隐时现，所以今天的半岛中心地带有着丰富的陆地与海洋生物遗骸。正因为如此，20 世纪 80 年代，小城马尔伯里（Mulberry）甚至将几节旧的火车车厢改造成了一个化石博物馆。

骨谷地区位于佛罗里达州中西部，面积有 100 多万英亩（1 英亩 =0.004 平方千米）。博物馆就在骨谷地区的中心。在这里，巨型犰狳的化石遗骸埋在已灭绝的地懒的爪子中，这些地懒的身高超过 12 英尺（1 英尺 =0.304 8 米）。大象般大小的乳齿象残骸也混杂在一起，里面还有鲸鱼、海龟和巨齿鲨。巨齿鲨是一种早已灭绝的巨型鲨鱼，它的嘴巴大到可以吞下一辆汽车。

由于时移物换而形成的这一史前生物奇观发现于 19 世纪末，一时间就激起了公众的想象力，而这个时期的公众仍在受着达尔文进化论的影响。

1890 年，一家报纸报道说："面对这个巨大的史前墓穴，人们可以尽情发挥想象力，在奇妙的想象中去复活那些曾生活在地球上、外形奇特的动物，那时这个美丽的半岛还只是一排散落的沙丘和珊瑚礁。"

但作者指出，佛罗里达州中部的史前遗迹宝藏并不仅仅具有博物馆文物的馆藏价值。"对于实用主义者、功利主义者、财富追求者和资本家来说，这些巨量的（化石）积淀是命运的馈赠[11]——是千载难逢的机遇。"

他甚至预言，这些化石对佛罗里达的价值会超过黄金在 19 世纪 50 年代对加利福尼亚的价值。如此之多灭绝已久生物的石质遗骸（更重要的是，还有如此多与之结合在一起的沉积岩板和卵石）更具实际价值，因为你不能把黄金撒在地里用作种植粮食的肥料。

事实证明，佛罗里达州的化石层及其周围的沉积岩可以通过粉碎并浸泡在酸液中，制造出一种强效肥料，施用这种肥料之后农作物的生长速度快得惊人。这些肥料矿中有 27 个分布在佛罗里达州中部近 50 万英亩的土地上[12]。其中 9 个矿场至今仍在经营之中，矿工们每从地下开采 1 吨这种重要的营养物质，就会产生 5 吨有轻度放射性的废料[13]。这些废料在佛罗里达州中部已经堆积成山。对绝大多数佛罗里达人来说，如果不是这些废料不时会渗液，威胁到该州的沿海水域和地下水供应，这些堆积如山的污染就是司空见惯的存在，人们对这些废料视而不见，闻而不审。

然而，人们却听任有毒的矿山废料继续堆积，因为骨谷的这种肥料岩矿床，以及分散在全球各地的少量的类似矿藏，是地球粮食产量在过去半个世纪里与人口一起翻番的一大重要原因。

正是因为有了这些岩矿，美洲原住民在近万年前率先培育的纤细且多籽粒的草本植物玉米，现如今能够长到苹果树那么高；正是因为有了这些岩矿，每英亩的玉米与其他作物产量激增了近 5 倍。

但是，这种化肥让植物生长的神奇力量也有其令人费解的一面——当它遇到水时，其效力并不会减弱。今天，农民撒播在田里的很多矿基肥料，植物根系还没来得及吸收就被冲走了。因此，它们并没有使粮食作物日渐繁茂，而是流入溪流、江河与湖泊，使得蓝绿藻繁荣滋长。

19 世纪末骨谷矿质肥料矿床被开采用于提高农作物产量时，谁都不曾想到这会给大自然带来破坏。

佛罗里达人被他们脚下的财富冲昏了头脑。当时的报纸上曾有过这样的报道，人们为了争抢早在人们尚不知其为“作物营养黄金”之前就已经铺在路床上的卵石而相互开枪殴斗[14]。时至今日，美国使用的矿质肥料中，约 75% 依旧来自佛罗里达州。

但是，究竟是什么让这些石头变得如此珍贵呢？

是磷。

磷是植物生长所必需的元素，因此对我们极为重要，但这种元素的重要性还不仅仅是用于粮食种植。它还能将我们所吃的食物转化为运动肌肉的化学能量。磷对我们的身体结构也至关重要，无论是从大的方面讲还是从小的方面讲都是如此。我们的骨骼和牙齿是由磷构成的。磷也存在于我们的 DNA 中。事实上，它就是我们的 DNA。著名的双螺旋结构构成了基因图谱，地球上的每一个细胞因此而有了生命。这些螺旋轨道就是由磷构成的。从我们种植的玉米，到以玉米为食的动物，再到食用这些动物的人，磷在这一过程中的每个环节都至关重要。

没有磷，地球上就没有生命。

当然，生命所必需的其他元素，包括现代肥料中的氮和钾这两个关键成分，也是如此。

但是，磷和其他生命维持元素有一个关键区别。地球上仍有大量的钾，存在于古代干涸海床遗留的沉积物中，且短时间内不会耗尽。至于氮，它是大气中含量最丰富的气体，而且自 20 世纪初以来就有了从空气中提取氮的技术，还可以将其转化为适合形态，播撒在农田里。这就是说，我们几乎不用担心这两种元素会出现全球范围内的短缺。含有这两种元素的肥料，能让农作物长得又旺又快，这样才能养活地球上不断膨胀的人口。

磷的情况则完全不同。

这种赋予地球生命的元素最初来源于早期地球冷却而硬化成岩石的岩浆。最终，风吹浪打慢慢从火成岩中释放出微量的磷。磷原子一旦释放出来，就会在生者和死者之间周而复始，去而复来。当动物排便或死后尸体腐烂时，其排泄物和尸体中的磷就会被植物吸收。这些植物死去或被动物吃掉后排出体外，它们会释放出同样的磷，为新一代的绿色植物提供能量，而这些绿色植物反过来又能养活下一代的食草动物，以及以这些食草动物为食的人类。如此循环往复。

磷是完成生命循环的基本环节。事实上，没有其他东西可以取而代之。

著名科学家、作家艾萨克·阿西莫夫（Isaac Asimov）在1959年指出："我们也许可以用核能替代煤炭，用塑料替代木材，用酵母替代肉类，用友好替代隔阂，但对于磷来说，既没有替代物，也没有代用品。"

直到19世纪，人类才发现，可以通过直接寻找散布于全球各地的稀有富磷沉积岩，来消除磷对植物生长和地球人口数量的限制。这些沉积物是由沉入海底的生物遗骸形成的，经过数百万年的时间，生物遗骸不断堆积，就像冰川上的雪花一样，产生了巨大的质量和压力，最终融合成富磷沉积岩。地质作用力最终将这些岩石中的一部分抬升到地球表面，成为可开采的矿藏。我们现在一年内开采的磷的数量需要经过亿万年才能渗入生物世界。

人类可能已经找到办法，通过开采这种岩矿来破解阿西莫夫所谓的磷瓶颈，但在今天，这种元素就像化石燃料一样珍贵而稀缺。然而，我们消耗地球上可开采矿藏的速度实在是惊人，就像石油生产一样，一些科学家现在开始担心，我们可能会在短短几十年内达到"磷峰值"，到那时，我们会面临磷矿产量下降和粮食长期短缺的风险。

10多年前，《外交政策》杂志（*Foreign Policy*）的一篇社论宣称："这是你闻所未闻的最严重的自然资源短缺[15]。"

自那以后，磷短缺的前景变得日益严峻，针对这种既珍贵、污染又极为严重，并且储量不断减少的物质，我们挥霍无度的使用方式加剧了磷的稀缺程度。从全球来看，自半个世纪前伊利湖进入"死海时期”以来，每年磷矿石的开采量大约翻了两番。然而，我们今天开采出来作为肥料播散的磷还没被作物吸收，大部分就已经被冲走了，根本谈不上被牲畜食用或被人类利用。而那些进入我们食物端上餐桌的磷，大部分通过下水道进入水体，而不是回到农田里。我们一方面大量开采日益稀缺珍贵的磷矿，另一方面又在向水体中排放过量的磷——这就是磷的悖论[16]。

有人预测，现有的磷矿储量将在21世纪末消耗殆尽，许多知情人士（包括那些身处肥料行业的业内人士）对这个时间预测付之一笑。但不管是多少年，有一点不可否认，我们已经打破了生命的轮回，把它变成了一条直线，无论是100年也好还是400年也罢，这条直线终归是有尽头的。假如地球上最后一批富磷岩矿被开采、碾磨并泄漏到水体中，这还算不上是真正的麻烦。但是，假如世界上某些地区的磷矿储量耗尽，只有少数几个国家，甚至是少数几个人把控着维持70亿人生活的肥料来源时，真正的麻烦就降临了，而这一天可能比你想象的来得要快。

佛罗里达州的矿主们可能只要30年就会耗尽现有的矿藏，届时美国可能要依赖其他国家来维持其农业体系了。

到那时，这些国家是否愿意为美国提供食物保障就另当别论了。全球剩余磷储量的70%～80%位于摩洛哥和摩洛哥自20世纪70年代以来占领的西撒哈拉地区。一个国家，实际上是摩洛哥国王一个人，控制着地球上这么多的所有生命体都迫切需要的东西。这会导致全球动荡不安或者引发更为可怕的情形。

17世纪的炼金术士通过提炼自己的排泄物发现了纯磷（毕竟它存在于我们每个人的细胞中）。他意识到自己发现了某种神奇的东西，这是一种白色的蜡质块状物，散发出淡淡的大蒜味，还闪耀着迷人的光芒。他用希腊语中指代金星（Venus）的那个词 phosphoros 命名了他发现的物质。这个词大致可以翻译成“光的使者”。对于这样一个闪闪发光的元素来说，这是一个很好的名字，因为金星在黎明前的天空闪烁，预示着太阳即将升起。

金星的拉丁文翻译过来也差不多：luc（光）fer（承载者），Lucifer（金星）。

实际上，这个名字更适合这位炼金术士发现的物质，因为他很快就发现，他那奇特的金块会自燃，那炽热程度不亚于但丁那羽毛笔下流淌出的文字*。

事实上，没过多久，人们就开始把磷称为“魔鬼元素”，这不仅是因为它碰巧是被发现的第 13 种元素。这个名字之所以流传下来，是因为它具有可怕的毒性（它也是老鼠药的有效成分）和爆炸性。

事实上，把磷称为魔鬼元素，在今天看来更为恰当。

《圣经》中魔鬼诱骗地球上的第一批人类居民啃食智慧树上的苹果，正如故事所述，这一觉醒导致亚当和夏娃被逐出乐园，后来他们被迫在贫瘠的土地上辛苦劳作，艰难求生。

他们经历的艰辛如今我们依旧在经历着。在过去的一个世纪里，我们已经赢得了这场胜利，因为我们发现了磷肥的魔力以及磷肥给我们带来的好处。但是，以这种方式将我们的生存与开采的磷联系在一起，本身就反映了一种及时行乐、莫管来世的浮士德式价值观**。为了打破自然界的制约，突破地球所能承载的人口数量上限，人们大量使用磷肥，结果污染了淡水资源，导致水质不断恶化，游泳、捕鱼都不

---

* 但丁在《神曲》中描述地狱中的景象与惨状时经常采用具有强烈视觉冲击效果的手法。作者在此来指代磷元素不稳定易氧化的特性。——译者注

** 在歌德的诗剧《浮士德》中，浮士德为了获得无限的知识和享乐，与魔鬼签订了契约，将自己的灵魂出卖给了魔鬼。作者在此以“浮士德式的价值观”表示人类在享受磷元素带给我们的种种益处的同时，也不得不承受巨大的代价与严峻的后果。——译者注

再可能，水也不适宜饮用了。我们正在污染自己的乐园。

要保护和恢复这些水体，同时确保有足够的磷——足够的食物——供子孙后代使用，我们现在唯一能做的，就是训练当今这个魔鬼去追逐自己的尾巴，就是恢复被打破的磷生命周期的良性循环。

这就要求我们在化肥的使用量和使用方式上做出巨大改变。这还将给人类文明生活所产生的垃圾流的管理方式带来一场革命。

如果不能通过革命性的方式驯服“魔鬼元素”的话，所要付出的代价就会越来越高了。

就在亚伯拉罕·杜阿尔特跳入佛罗里达水渠的同一周，一家当地报纸报道称，一栋价值 700 万美元的滨水住宅因受到有毒藻类的影响而致销售告吹。经手这笔交易的房地产经纪人说话时声音里都透露出了惊慌，几乎和杜阿尔特跳入水渠时一样。他说，如果佛罗里达的水出了问题，那么……一切都会有问题。

他说，“环境可一直都是佛罗里达州的王牌[17]。”

对地球而言又何尝不是如此呢。

第一部分

磷的争夺战

第 1 章

魔鬼元素

10 多年前，德国一家百货商店的经理格尔德·西曼斯基（Gerd Simanski）退休后和妻子在离波罗的海不远的一个小村庄买了一套不错的砖砌度假屋，后来他养成了一个新的爱好：海滩捡拾。西曼斯基特别喜欢捡箭石的化石残骸。箭石是一种类似乌贼的食肉动物，它们先是吸水，然后再把水从嘴边的一根管道中喷出去，靠这种冲力使身体向后移动，这样就可以在侏罗纪时代的海洋中快速穿行。

西曼斯基喜欢在海滩上捡琥珀块和海洋生物化石。他常常浮想联翩，在地球漫长的历史长河中人类是多么的微不足道。起初，他和妻子打算购买一套房子来养老，后来常常听到有人说新建住房有“终身保修”，但所谓的终身保修其实仅有 30 年而已。西曼斯基告诉我，他刚刚放在我手里的箭石化石已经有几千万年的历史了。此时，他脸上露出了狡黠的微笑，浓密的胡子翘了起来，眼角的鱼尾纹也出来了。

他觉得海滩捡拾非常放松，所以不管什么天气，他都会连续几个小时独自外出，即使是在 2014 年 1 月 13 日那个细雨绵绵的寒冷早晨，他还是穿上冬装夹克，抓起车钥匙，告诉妻子他几个小时后回来吃午饭。

那天，西曼斯基独自一人在海边，低着头走在高高低低的岩石上，波罗的海舒缓清澈的海浪不时冲刷着这些岩石，不远处就是 30 英尺高的峭壁。突然，他瞥到了一块像是牡蛎壳化石的东西，大约有 25 美分硬币那么大。当时他并没觉得这块橘黄色的石头有多大价值，但他还是觉得应该带回家给妻子看看。于是，这位 68 岁的老人弯下腰，把它捡起来，随手放进了自己的裤子口袋。然后他继续向前走，想着要去找更有趣的东西。

大约 10 分钟后，西曼斯基听到“砰”的一声，感到臀部一阵剧痛，他低头一看，发现黄色的火焰正从他的左腿冒出。“这火焰就像闪电一样从我的牛仔裤里冒出来，就像一道闪光”[18]，西曼斯基说，起初他更多的是感到疑惑而不是害怕。“那天天很冷，还下着雨。到处是湿漉漉的，我在想，这闪光是从哪里来的？我不抽烟，也没有打火机。这不可能。”

西曼斯基将手塞进口袋，想掐灭火苗，他只摸到了一种黏稠的东西，就像融化的巧克力一样黏糊糊的，突然间先前的疑惑一下子就变成了恐惧。他急忙将手从口袋里抽出来，发现每个指尖都沾满了黏液，还像蜡烛一样燃烧着。

西曼斯基一看火焰已经烧穿了他大腿上的皮肤，表皮下的淡黄色脂肪像培根一样，被烧得“滋滋作响”，他不由得大声尖叫着喊起了救命。当时海滩上只有一位渔民在那儿，他冲着渔民大喊，让他叫救护车，然后自己本能地朝水里跑去。当他冲入冰冷的海水后，火焰扑闪着熄灭了。西曼斯基担心他一上岸，火焰就会再烧起来，于是他在海浪中泡了近半个小时等待救援，浑身颤抖，内心焦灼，惊恐万状。

两名警察终于赶到，哄劝他上了岸，他们看到他的肌肉都发黑了，就像烤焦的鸡腿一样。这一幕太过令人毛骨悚然，两名警察后来不得不请假离岗进行心理治疗。他们商量着是不是叫一架医疗直升机，但又担心神秘的火焰会在飞行途中再次燃起，导致飞机坠毁，后来只好作罢了。救护人员乘救护车终于赶到了，他们剪掉了西曼斯基身上残余的牛仔裤，用毯子把他裹起来，迅速奔向急诊室。救护车在起伏不平、比美国郊区私家车道还窄的道路上飞驰着，救护人员被烧焦的血肉吓得惊慌失措，竟然找不到静脉注射吗啡。

在接下来的两个月里，西曼斯基大部分时间都在住院治疗，他的烧伤面积达到了体表面积的1/3。如今，他已基本痊愈，但仍有慢性疼痛，需要服药才能入睡。他左腿烧伤非常严重，连移植的皮肤都凹凸不平，粗糙得像树皮一样。

他至今都想不明白，他捡起的那块冰冷潮湿的石头为何会造成这么严重的后果。他说，“那只不过是一块石头而已，一块小石头，一块非常小的石头。”

这不是一个孤立的事件，西曼斯基和其他波罗的海海滩捡拾者近年来发现的可燃小卵石既不是岩石，也不是化石。从海滩和附近易北河（Elbe River）岸边采挖出的金色或橙色的天然金属块，与波罗的海地区出名的琥珀（即树脂化石）有着惊人的相似之处。但它们并非宝石。它们实际上是你能在元素周期表上找到的最危险物质——单质磷的一些碎片。

这些纯磷块就像保丽龙杯子 * 一样，并非天然之物。这是因为磷原子在自然状态下会与氧原子结合，生成各种被称为磷酸盐的化合物。这种分子对地球上的所有生物而言都是必不可少的。磷酸盐是脱氧核糖核酸（DNA）的一个重要组成部分。它们参与化学反应，在细胞层面释放出能量。它们是细胞壁和细胞膜的组成部分，在植物的光合作

* 即一次性聚苯乙烯泡沫塑料杯。聚苯乙烯是一种人工合成材料，一般无法经由生物降解及光分解进入生物地质化学循环，2017 年被世界卫生组织列入 3 类致癌物清单。——译者注

用方面发挥着至关重要的作用。简单地说，磷酸盐给这个星球带来了生命，否则地球就只是一块冰冷死寂的岩石。

但是，当磷原子以某种方式摆脱与氧原子的结合时，这往往只会是一种暂时的情况，通常会以自燃的方式告终。一块纯磷只需加热到略高于室温即可起火。

事实上，单质磷块非常少见，近年来在德国北部的海滩和河岸上出现的每一个单质磷块，背后都有一个故事，一个布满了人类印记的故事。

要了解这些卵石是如何出现在那里的，就需要回溯过去——具体来说，要回到70多年前。

汉斯·诺萨克（Hans Nossack）是一位咖啡商人和兼职作家，1943年7月21日他离开汉堡的家，去度假两周，好远离工作，远离连续四年不断的战火。他租住的小屋离开汉堡市区足足有10英里远，但在来这里的第三天晚上，这对夫妻被空袭警报从睡梦中惊醒，说该地区将受到攻击。“我从床上跳下来，光着脚跑出屋子，听到了一种声音，这种声音就好像一种沉重的重物盘桓在清澈的天际与昏暗的地球之间，无所不在，让人无处可逃……”诺萨克几周后回忆道[19]。“那是1 800架飞机从南方以难以想象的高度接近汉堡时所发出的声音。”

1943年初在北非举行的一次秘密会议*上，英国首相温斯顿·丘吉尔（Winston Churchill）和美国总统富兰克林·罗斯福（Franklin Roosevelt）就酝酿着向德国北部工业中心投入大量轰炸机的计划。他

* 卡萨布兰卡秘密会议是指由美国总统罗斯福和英国首相丘吉尔于1943年1月在摩洛哥卡萨布兰卡举行的一场战略会议。会议中讨论了二战后期世界主要战场的战局形势及尔后对德意日轴心国作战问题。在这次会议中还产生了关于加强对德国战略轰炸的卡萨布兰卡训令，要求英美空军联合起来以英国为基地对德国进行战略轰炸。——译者注

们给军队领导人下达的命令是，接下来可以毫无顾忌地对德国城市进行空中轰炸。仅有一页纸的《卡萨布兰卡训令》(Casablanca Directive)的第一个目标是："逐步摧毁和瓦解德国的军事、工业和经济体系，打击德国人的士气，大幅削弱其武装抵抗能力。"

将训令中的"士气"一词换成"生命"可能更准确一些，因为那个年代从数千英尺的高空向下面的城市投掷炸弹根本没有什么精准度可言。罗斯福向国会解释说，"我们认为，这是纳粹和法西斯分子自找的，他们必受其果。"

英国人在公开声明中更形象地表达了他们打算对德国人采取的打击措施。"纳粹分子带着一种相当幼稚的错觉发动了这场战争，认为他们想轰炸谁就轰炸谁，而所有人则对他们无可奈何。"英国皇家空军司令阿瑟·"轰炸机"·哈里斯爵士(Sir Arthur "Bomber" Harris)* 宣称。"他们带着这种错觉对鹿特丹、伦敦、华沙以及其他50多个地方都进行了轰炸。"然后，哈里斯在谈到纳粹德国空军的空袭时，借用《旧约》(*Old Testament*)中的一句话来激起德国平民内心的恐惧。"他们种的是风，现在要收获的是风暴。**"事实证明，这是一个既符合圣经原义又符合其字面意思的宣言。

英国皇家空军利用战争开始时德国对英国城市空袭的取证分析和早些时候英国对一些小城市的空袭经验，作为工程师、数学家和建筑师的实验室研究和案例研究的对象，制定了一种对城市更具破坏性的轰炸方式[20]。英国研究人员认为，从对一座城市的破坏程度来说，用

* 作为英国皇家空军司令，哈里斯爵士指挥了对德国的反击轰炸，因而被戏称为"轰炸机"(Bomber)。他在战后晋升为元帅。——译者注

** 此句源自《圣经·何西阿书》(Hosea, 8:7, New International Version)："For they have sown the wind, and they shall reap the whirlwind: it hath no stalk: the bud shall yield no meal: if so be it yield, the strangers shall swallow it up."上帝不满以色列人的偶像崇拜，因而对以色列人加以告诫。比喻干坏事必将遭到加倍惩罚。——译者注

少量的大型炸弹［包括 4 000 磅（1 磅 =0.45 千克）重的“高爆力巨无霸炸弹”］的震荡爆炸和弹片，还不如给英国皇家空军轰炸机装载大量小型的炸弹（有些只有 4 磅重）会更有效。这些棍棒状的镁燃料燃烧弹并不是用来炸毁东西的，而是用来烧毁东西的。

这种火棒通过点燃小火焰来引燃可能藏在阁楼上的日常物品来造成破坏，如肖像画、情书、家具、婴儿的衣服。在这场有三大洲数百万士兵卷入的战争中，以平民为袭击目标似乎非常残酷且收效甚微，但英国人逐渐认识到，即使是一个家庭最私密、最普通的财产也具有重要的军事意义——那就是可以充当燃料。

第一波大型炸弹炸毁了整个社区的房门、屋顶和窗户，随后一波又一波的飞机在同一地区投放了大量燃烧弹。这些小燃烧弹产生的火焰，借着刚刚被炸掉门窗屋顶的房屋和厂房所形成的穿堂风效应，燃烧得更加猛烈，很快就能烧着建筑物的栋材。火借着风势更加猛烈，并快速蔓延到紧邻的街区，而街区的另一头可能也已经同样被小燃烧弹引着了。哈里斯相信，大量的小火在多个地方同时爆发，如果地面消防队员来不及扑灭的话，小火就可能连片形成一场超级大火，整个城市就可能会化为灰烬。

哈里斯还喜欢使用一种特殊的 30 磅重的鱼雷形燃烧弹，这种燃烧弹击中目标的准确度会更高些，与之相比，高空投掷的小型燃烧棒就像飘落的橡树叶，准头要差一些。而且这些体型稍大的炸弹产生的火焰很特别。一旦爆炸，就会飞溅出炽热的液滴，不仅温度高得足以熔化钢铁，而且像胶水一样牢牢粘在碰触到的所有东西上，包括人体在内。哈里斯的结论是，这对“打击敌人的士气有着显著的影响[21]”。这种炸弹里装的是磷。从 1940 年开始，汉堡一直受到英国小规模空袭的袭扰，但基本上没有受到什么破坏。但到了 1943 年的时候，纳粹头子们已很清楚地意识到，盟军的轰炸机群不断壮大，大规模袭击汉堡的炼油厂、造船厂、U 型潜艇设施及其工人社区只是个时间问题。

为了应对大规模袭击，纳粹组建了一支由数千人组成的消防队，为汉堡的 150 万居民建造了 1 000 多个坚固的掩体[22]。

1943 年，代号为“蛾摩拉行动”（Operation Gomorrah）的汉堡空袭持续了一周。第一天晚上，咖啡经销商诺萨克和妻子躲在小屋的地窖门后面，但最后他还是冒险走了出去。他惊愕地发现，在汉堡以北 10 英里的地方，仿佛“光芒四射的金属液滴”正从天而降。50 分钟后，炸弹投掷停下来了[23]。诺萨克这样描述了当时的景象：北方的天空红彤彤的，仿佛是炫丽壮观的晚霞。当时是凌晨 1 点 30 分。

第三天晚上的空袭最具毁灭性。在那次空袭中，英国轰炸机投掷了大约 2 000 吨的炸药，袭击了汉堡一些人口密集的工人居住区。这 2 000 吨炸弹中有一半是燃烧弹。那天晚上异常炎热干燥，数以千计的火焰在短短几分钟内就蔓延成片，形成了一场两英里宽的气旋型火灾暴风[24]，燃烧起来就如熔炉一般，连战争策划者都不曾见到过这般场面。风被吸入气旋后为缺氧的火焰提供了能量，其威力足以掀倒 3 英尺粗的树木[25]，足以将母亲怀抱中的孩子掳走。

那天晚上，英国飞行员报告说，他们根本看不到飞机下方，只有一团团橙色的烈焰从一大片红色煤床上呼啸而出，形成了一股浓密的烟柱，散发出炽烈的气体，直冲云霄，高达数英里。地面上，酒瓶融化了，叉齿烧红了；巨量的余烬就像风中的曳光弹，在城市上空呼啸而过。一位幸存者形容当时的声音就如同“有人在教堂里的老式管风琴上同时弹奏出所有音符[26]”。

平民们被从天而降的磷块击中，头上瞬间就冒出了火焰，“就像火把一样”。一些人跳进水渠里来扑灭这种化学火焰[27]，但他们终究需要浮出水面呼吸，这时磷火就像恶作剧的生日蜡烛一样重新燃起。

蛾摩拉行动造成了大约 38 000 人死亡。但确切的死亡人数无法统计，因为在许多情况下，实际上没有尸体可供统计；在某些情况下，医生们不得不把成堆的灰烬称一下重量，然后估算死亡人数[28]。

今天的汉堡中区晶莹剔透，但不时可以看到在空袭大火中残存下来的石头和砖块外墙。在汉堡的大街上，其实已经很少能看到那场造成百万居民仓皇逃离的空袭大火所留下的实物证据，但偶尔也有几处还在提示人们这段悲惨的往事。一些燃烧弹没有击中目标，其中的磷块就落在易北河和运河里，遇冷后凝结。只要一直淹没在水里，这些磷块就像河床上的鹅卵石一样，一点儿害处也没有。但是，一旦从水里拿出来，温度达到大约 85 华氏度（约为 31.67 摄氏度），它就会像 1943 年 7 月落入水中之前那样活力迸发，凶猛地燃烧起来。磷块还出现在汉堡东北部的波罗的海沿岸，就是西曼斯基所在的社区。1943 年夏天，就在汉堡遭轰炸之后两周，乌瑟多姆（Usedom）岛上的一个 V-1 和 V-2 火箭工厂也遭到了类似的燃烧弹轰炸袭击。

“蛾摩拉行动”的真正纪念物，位于今天汉堡一条繁华街道上。那是一尊雕像，是一个正在融化的人形跪在地上祈祷。那是 370 名平民因一氧化碳中毒死亡的地点。当时在防空洞上方肆虐的大火耗尽了洞内所有的氧气。汉堡机场附近的奥尔斯多夫公墓（Ohlsdorf Cemetery）也有一片十字形的草地，里面安葬着被大火烧焦的遇难者遗体。墓地上有一座名为“穿越冥河”（Crossing the River Styx）的雕像，描绘了一位母亲正在船上安慰她的孩子，他们沿着神话中的水流漂向冥界，船上还有其他一些乘客，包括一名赤身裸体的男子无精打采地坐在船尾，垂着头，双手交叉着放在脖子后面。

就在市中心易北河的北面，有一尊赤脚男子的雕像，同样也是悲痛欲绝的姿势，双手捂着脸。这尊雕像坐落在圣尼古拉斯教堂（St. Nicholas church）的旧址上。这座教堂建造于 19 世纪，是新哥特式建筑的杰作，483 英尺高的尖顶在 19 世纪下半叶的几年里被列为地球上最高的建筑，而且在 1943 年它依然属于比较高的建筑物，夜袭的英国飞行员把它作为靶心，来袭击下面的街区。教堂的主体在空袭中被夷为平地，不过它的地下墓室已经修复，今天作为博物馆来纪念这场大屠杀。

值得一提的是，圣尼古拉斯教堂的尖顶在袭击中幸存下来，如今仍耸立在天空中。你可以乘坐观光电梯，穿过它发黑的中心部分，到达一个观景平台，那里竖立的一块牌子，像是在向世人说明这场以磷为燃料的大火几乎摧毁了下面的城市，并不一定是盟军的错。上面写着，纳粹对华沙、鹿特丹、考文垂和伦敦的轰炸，引发了盟军的恶意报复。牌子上最后写着：“许许多多死亡、受伤和遭受轰炸而无家可归的汉堡市民是纳粹侵略政策的受害者，是纳粹德国霸权梦的受害者，是纳粹发动的野蛮战争的受害者。”

但这块牌子在 2012 年后的某个时候取代了之前的一块牌子；那块牌子直接写明了空袭的罪责方。那块牌子上写着：“这场火爆的导火索是在德国点燃的。”显然，人们对于这一历史评价的措辞是否恰当还存在一些争议。但是，从科学的角度来看，磷弹爆炸的导火线确实是在德国点燃的，这一点无可争议。事实上，它是在离圣尼古拉斯塔尖不到 1 英里的地方点燃的。你知道吗，汉堡就是磷的发现地。

那是 1669 年，虽然才晚上 8 点，一轮满月却早已高高挂在汉堡灰蒙蒙的天空中。突然黑魔法发生了。一个身材魁梧、双手布满皱纹、脖子上长着比头发还浓密的毛发的男子在他的实验室里单膝跪地，抬头望着天空，并示意他的两个年轻助手退后，这时一束可怕的蓝色水汽从稳稳地放在三脚凳上的一个玻璃球中喷射而出。

这幅作品描绘的是发现磷元素的著名场景。英国画家约瑟夫·赖特（Joseph Wright）在发现磷元素一个世纪后，在画布上描绘出了这个场景。从某些方面来说，这的确有艺术化的成分。现实生活中的巫师是一名炼金术士，名叫亨尼希·勃兰特（Hennig Brandt），在艺术家的画笔下看起来比他发现磷元素时的实际年龄大得多。他还将场景设定在一个空旷大厅里，大厅有着雄伟的哥特式拱门、立柱和巨大窗户，而不是设在勃兰特的家庭实验室这个可能的真实场景中[29]，也就是今天汉堡市中心圣迈克尔教堂（St. Michael's Church）附近一幢绿树成荫的住宅，距圣尼古拉斯尖塔只有 10 分钟的步行距离。

但是这件艺术作品的焦点——勃兰特困在瓶子里的异世之物——却是真实的。玻璃器皿冷却下来后，里面的蒸汽逐渐消散。几个小时内，玻璃器皿中就只剩下一种残留物，这种残留物会发出令人炫目的蓝绿色光。热量不会产生这种微光；这些蜡质的块状物，有巧克力豆那么大，温度不会比室温高。然而，它们可以连着几天持续发光。勃兰特创造出了当时人们从未见过的东西。他亲切地称其为“mein Feuer”，意思是“我的火”。

在此之前，亨尼希·勃兰特的生活一直都平淡无奇。当时有人这样描述他，“鲜为人知，出身低微，做事总是很怪异，很神秘”[30]。勃兰特出生于 1630 年，是一名参加过 30 年战争 * 的老兵，没有显赫的军衔，在战场上也没有立下什么值得铭记的战功。据说，战后他开办了一家玻璃制造企业，经营状况也不好。之后开始了自称医生的职业生涯；他显然没有受过正规教育，但还是会在信件中签上“亨尼希·勃兰特，医学和哲学博士”[31]的落款。

勃兰特通过与豪门攀亲而发家致富，从此便痴迷于炼金术这一魔

* 指 1618—1648 年期由神圣罗马帝国内战演变而成的一次全欧洲大战。这场战争由欧洲各国之间相互争夺利益以及各宗教之间矛盾纠纷激化所导致，它推动了欧洲各民族国家的形成，一般认为是欧洲近代史的开始。——译者注

法。这种古老的求金术为信手实验增添了神秘色彩。炼金术士和化学家有个本质区别。18 世纪，化学家继承了炼金术士的大部分实验室设备、实验魔法和数据，接受的训练是为知识而知识，他们通过观察、假设和实验熬心费力地获得知识。他们有条不紊的方法不仅揭示了物质世界的奥秘，当然也能为人类带来巨大的实际成果——从稀薄的空气中提取氮肥，从霉菌中获取青霉素等，同时还为做出这些发现的化学家带来财富。

另一方面，炼金术士们则直奔黄金而去。他们认为，像锡和铅这类贱金属与贵金属黄金的区别在于，这些贱金属还没有进化到黄金的状态，炼金术士认为这种进化会发生在自然界中。他们相信，可以通过蒸馏、沉淀和升华从普通材料中得到药剂和汤剂来促成这种自然蜕变。以这种方式将铅变成黄金在今天听起来很荒唐[32]，但想想看，时至今日人们仍然普遍（其实是错误地）认为，只要施加足够的压力，一块不起眼的煤就能变成一颗高品级的钻石。炼金术士们渴望能找到用类似方式点石成金的工具，这种工具被称为点金石（philosopher's stone）。他们认为这种虚幻的物质不仅能变出黄金，还能治愈绝症，让人返老还童。

炼金术士们认为，一旦提炼出点金石，下一步就是将其碎片混入一罐贱金属中，然后加热，直到整个熔融的混合物变成足够纯净的黄金，此时便可铸锭出售。

古人估计，如果经过适当的富集，一盎司（1 盎司 =28.35 克）的点金石就可以将超过 17 000 磅的铅转化为纯金[33]。有些人认为这种神奇的物质可能来源于汞、锑或硫，还有人设法在血液、头发，甚至鸡蛋中探查。而勃兰特偏偏对尿液很感兴趣。

他逐渐相信可以在人体内找到点金石的踪迹，并从人的液体排泄物着手尝试。他认为尿液可以将一切变成雪堆般的黄金，在这一点上他可能错了；但他的直觉是正确的，人的排泄物中含有地球上一些最珍贵的东西——那就是赋予生命、维持生命和摧毁生命的磷元素。他将大桶的尿液（大概是从朋友和家人那里收集的）熬到只剩下黑色的淤泥之后，才有了这个发现。然后他把这些东西放在烤箱里烘烤，看到一种发光的蒸汽释放出来，一些蒸汽凝结成神秘的卵石，在黑暗中连续几天发着光。

勃兰特最初并没有把这个发现告诉别人，因为他认为这只是实现把其他金属变成黄金这一终极目标的中间一步。后来的几年里，他不断完善实验，但是都没有取得新的进展。此时，勃兰特开始向其他炼金术士出售样品，这些炼金术士急于向欧洲的宫廷炫耀，主要是当作稀罕物。然而，其他炼金术士在得知勃兰特是从尿液中提炼出发光物质后，最终破解了配方，并开始自行小批量制造这种物质。

在此后几十年里，这种后来被称为磷（希腊语意思是“光之使者”）的确切制造方法一直是一个严守的秘密。即使那些知道确切炼制方法的人也常常失败。而那些炼制成功的人很快就意识到这不值得冒险，因为那些卵石会爆炸起火，火焰燃烧时产生的高温会摧毁实验室设备，还会伤及人类。

“我再也不做了，”最早一批开始复制勃兰特秘密工艺的那些人中就有人说。“它会带来很多危害。”[34]

我想自己制造单质磷，重现勃兰特的魔法，而且找一些愿意帮助我至少尝试一下这个实验的研究生并不难。我已经有了一支户外用三脚丙烷燃烧器、一口巨大的金属锅、一支工业用温度计和几副超大的安全眼镜——这是我“油炸火鸡”的装备。作为 4 个学龄儿童的父亲和众多啤酒爱好者的朋友，我也有稳定的尿液来源。当我联系到一位真正的化学教授时，我很快意识到，无论你如何看待炼金术士探求点金石的科学合理性，有一点值得肯定，那些提炼磷的先驱是非常认真的实验员，他们在极其危险的工作环境中非常认真地进行各种实验。

我翻阅了一份18世纪的实验说明，上面记录着从人类尿液中提取这种元素的详细步骤[35]。此时我才完全意识到我要做的实验多么具有挑战性。简单总结一下这个极其详细的过程：首先是将大约20加仑（1加仑=4.55升）的“纯”尿液发酵数天，再将其熬制成一种“凝胶状、不易分开的黑色物质，有点儿像烟囱里的油烟”。然后将这种带有硬壳的物质（大约3磅重）放入一个铁锅中，将锅烧到硬壳不再冒烟并开始散发出甜味。之后将水、沙子和木炭混在一起，将混合而成的泥状物置于陶瓷器皿中以炽热的温度熬煮大约24小时，这个过程到最后需要每隔一分钟左右向炉中添加木炭。经过更多一些的戏法之后，剩下的便是单质磷的蜡状团块。

约翰斯·霍普金斯大学的劳伦斯·普林奇佩（Lawrence Principe）教授向我指出了这种做法的愚蠢之处。劳伦斯·普林奇佩教授拥有化学和历史两个博士学位，并亲自重复过一些早期炼金术士的实验室实验。我问他是否有什么建议，可以让我了解勃兰特发现磷的过程。他的电子邮件回复很亲切，但也很严厉：

> 哦，我的天哪，这太可怕了！！！问题在于，要想将尿液中的磷酸盐还原为磷，必须达到炽热的温度，而现代玻璃器皿根本耐受不了这样的高温。勃兰特*和其他人使用的是炻器蒸馏器，现在已经不生产了。其次，即使解决了这个问题，还有一个问题无法解决，那就是无法保证白磷蒸汽冷凝成固体时整个装置不会炸成一团白色火球。是的，18世纪的人们和17世纪的少数人做到了

* 原文为Brand，而非Brandt，疑为笔误。——译者注

> 这一点，但这个过程很少能做到万无一失，而且经常造成严重或致命的伤害。只有少数人曾经操作成功，而且往往还是那些观摩过“内行”示范的人。我当然喜欢重做旧的实验，但这个实验我是会放弃的！（是的，我很久以前确实试过一次，但没有结果）。

在勃兰特发现磷之后的几十年里，磷只不过是一种新奇的东西，它在黑暗中发出冰冷的光芒，让国王及其宫廷感到目眩神迷。尽管磷不能把任何东西变成黄金，但没过多久，科学家们就学会了将它当作药物出售，就可以把它变成金钱。它被标榜为一种灵丹妙药，可以刺激阳痿患者勃起，治愈肺结核患者肺部病菌感染，抑制癫痫发作，舒缓牙痛，振奋抑郁症患者的情绪。科学最终会证明，单质磷对上述病症并无助益。勃兰特发现磷大约一个世纪后，科学家们才逐渐意识到，磷最大的特性不是它在实验室里产生的熊熊大火，而是当农田缺乏磷所带来的后果，那就是颗粒无收。

第2章

被打破的生命循环

在17世纪初，化学先驱扬·巴普蒂斯特·范海耳蒙特（Jan Baptist van Helmont）针对植物生长的特性做了一个极其简单的实验。那时许多人认为，植被是它赖以生长的土壤的产物，是植物将壤质物质转化为根、茎和种子。为了验证这个观点的真实性，范海耳蒙特将整整200磅土壤烘干后放入一个垃圾桶大小的陶罐中。他洒上水，种下一棵5磅重的柳树苗，然后观察它的生长情况。他用雨水与蒸馏水来浇灌这棵树——这是他能找到的最纯净的水源。他还尽量盖好罐子，以防止“灰尘”吹进罐子中。

5年后，他从罐中拔出一棵重达169磅3盎司的树。然后他把罐中的土壤烘干，看看这棵已经长成的树消耗掉了多少土壤。他发现了什么？范海耳蒙特在他1648年去世后才发表的一篇论文中写道：“还是200磅，只是减少了大约2盎司。”范海耳蒙特得出结论，“因此，这164磅的木头、树皮和树根都来自水这一种东西。”[36]

范海耳蒙特并不知道是光合作用让植物从空气中吸收碳来增加其质量，而且他显然也没有注意到在这一过程中丢失了的几盎司土壤。

但事实证明，在这丢失的 57 克土壤中，有一些东西对于树木的生长来说，与树木所消耗的碳和水一样重要。

土壤和泥土这两个词经常互换使用，但泥土是不适合作物生长的沙子、淤泥和黏土的混合物，就像月球表面一样死气沉沉。土壤中含有部分同样的物质，但还远不止这些。它本身就是一个运转良好的生态系统，充斥着真菌和细菌，爬满了蠕虫与昆虫。它还富含养分，使这个地下世界生机盎然，并使绿色植物——小到一片草叶，大到参天的红杉——在其黑暗中发芽。

土壤并非一牢永定；随着时间的流逝，它可能会丧失植物生长不可或缺的肥力，真的变成了死的泥土。这在人类文明出现之前是很罕见的，因为植物死亡或腐烂后，植物从土壤中获取的养分又会返回到土壤之中。有时，植物会辗转成为食草动物的口中餐，但最终又会以肥料的形式回到土壤中。

数百万年来，游牧民族和他们的先辈都生活在这种良性的生命循环中。他们通过食用植物（或以植物为食的动物）从土壤中索取，并通过排泄、废物处理以及最终的腐烂来回馈滋养土壤。所有这些都随着农业的问世和城市的出现而开始改变，因为人类开始在一个地方种植食物，在另一个地方食用。长此以往，为群落生存提供食物的土壤中的营养成分就会严重退化，就有可能会发生饥荒。

人类开始把腐烂的物质搅拌之后送回他们耕种的土地中，以此来恢复土壤肥力，也拯救人类自身。不难看出，原始人类是如何想出以这种方式修复生命循环的。各地的人们一定注意到了，动物（包括人类）排过便或尸体所在的地方，周围的植被往往长势很旺，特别是在大约一万年前人工养殖牲畜发端之时。荷马（Homer）甚至提到奥德修斯（Odysseus）那条名叫阿尔戈（Argo）的狗精疲力竭地躺在高高的骡粪堆上，这些骡粪是农夫们准备播撒在田里去的。

但是，18 世纪晚期工业革命肇始之时，欧洲人口开始激增，此时已经没有足够的动物粪便来维持土壤过度耕作后的肥力了。英国受到的压力尤其大。19 世纪上半叶，英国的人口翻了一番，达到了 1 500 万，到 1900 年还会再翻一番。这个岛国的可耕种面积不可能满足这种人口增长的需要，因此向现有耕地要更多粮食是英国唯一的选择。

这迫使英国的农业生产者要去寻找粪便以外的肥料来源。19 世纪初，用动物骨头制作刀柄和纽扣的工厂所产生的废屑是一种特别受欢迎的肥料，由于太受欢迎，不久后英国就开始出现动物骨头短缺了。

这将英国人推向了黑暗的境地。

滑铁卢战役（Battle of Waterloo）持续了大约 10 个小时，其间有近 5 万名士兵伤亡——伤亡率超过每秒 1 人。

然而，除了一个 140 英尺高的圆锥形土丘，上面有一个巨大的铁狮子，以纪念某位王子（肩膀）在此受伤，今天的滑铁卢几乎看不到 1815 年那场惨烈战斗的痕迹，现在这里是起伏的麦田和一垄垄笔直的生菜。2019 年底我去访问的那一天，还有新收获的堆积如山的甜菜。

一辆车身沾满泥巴的自卸卡车载运着成堆的金黄色甜菜，冷眼看去，这些甜菜的大小、颜色和形状与埋藏了很久的人类头骨差不多。在装货的间隙，我向自卸卡车司机提出了一个问题。他不会说英语（而我也不会说弗拉芒语、法语或德语），于是我掏出手机，在谷歌翻译中输入了我的问题，用法语问他：“你找到过骨头吗？”

他眯着眼睛看了看我的屏幕，然后脸上的表情放松了下来。“没有”，他喃喃地说，摇了摇头，胳膊伸出车窗，以最快的速度把手机交还给我。“没有！”

这并不是一个糟糕的问题。1815 年，威灵顿公爵（Duke of

Wellington）率领军队和盟友一起以极其血腥的方式结束了拿破仑雄霸欧洲 12 年的统治。虽然可以在战场的游客中心看到几块正在展出的头骨，但是研究人员在战争结束几十年后开始的实地探查中，几乎没有发现其他人类遗骸。

英国的历史学家、作家加雷思·格洛弗（Gareth Glover）告诉我，“两个世纪以来，从那片土地上挖出来的骨头只有一箱[37]，大约一平方米大小。”

那么，在 1815 年 6 月那个湿漉漉的日子里，倒在滑铁卢战场上那成千上万名男人男孩的遗骨后来去了哪里？

在拿破仑战争（Napoleonic Wars）* 期间，战时掠夺行为是一件自然的事情。这种掠夺行为甚至在最后一发毛瑟枪子弹和大炮炮弹还在头顶嗞嗞作响时就开始了。战地掠夺者们从死伤士兵手中抢夺武器、硬币以及所有能从死伤士兵口袋里掏出来的东西。

然后是徽章、腰带、靴子，还有军装。有时，士兵被斩首，他们的头发会在假发市场上出售，但掠夺人体的行为并不止于此。19 世纪初，蛀牙的情况在欧洲司空见惯，牙医开始用从尸体上拔下来的牙齿制作假牙。像滑铁卢这样的战场尤其值得大捞一把，因为“供体”通常都很年轻，他们的牙釉质还没有被糖腐蚀或被烟草玷污。“哦，先生，只要有一场战斗，牙齿供应就不短缺了。”当被问及如何才能找到足够的门齿、二尖齿、犬齿和臼齿来满足伦敦假牙市场的巨大需求时[38]，一名掠夺者回答道。“只要人一倒，我就会马上把牙拔下来！”

---

* 指 1803—1815 年拿破仑统治法国期间法国同以英国、普鲁士、俄国等为代表的反法同盟之间所进行的战争。最初，战争是为了保卫法国大革命所取得的成果，但之后随着战争的进程推进，战争的性质逐渐转变为拿破仑为确保法国在欧洲权力平衡中优势地位的侵略战争。1812 年法国入侵俄国失败，法国国势一落千丈。1815 年法国在滑铁卢战役中失败，各参战国签订了巴黎条约，拿破仑战争结束。——译者注

但战场上的掠夺者真正冷酷无情的收割是在滑铁卢战役最后一名士兵倒地阵亡多年后开始的。这场战争结束仅仅几年后，报纸上就开始陆续报道，英国用于种植小麦、卷心菜和饲用蔓菁的肥料既不是从耕畜的屁股里来的，也不是从奶牛的骨头里来的。

1819 年 9 月，一家英国报纸报道称，抵达格里姆斯比港几艘船的货舱里装满了骨头，这并不鲜见。但非比寻常的是，这些骨头与相当数量的棺材混杂在一起。文章写道："那些精通解剖学的人毫不犹豫地断定，许多骨骼属于人类。"[39]

1822 年，一位自称"活着的士兵"的作者在伦敦《晨报》（*Morning Post*）发表了一篇文章，声称每年有超过 100 万蒲式耳（1 蒲式耳 = 36.268 升）的人骨被进口到英格兰，其中许多是阵亡士兵的遗骸。由于有如此多的人类遗骸定期从欧洲大陆运来，在英格兰东部就近开设了一个专门的"磨骨"厂来处理这些进口骨头。这位士兵写道，"毫无疑问，通过广泛的实际实验，现在可以确定，死去的士兵是最有价值的商品[40]，而且据我所知，不同流俗安分守己的约克郡（Yorkshire）农民在很大程度上是靠他们孩子的骨头来维持日常生计的"。

19 世纪 20 年代末，英格兰至少有三家碎骨厂在运营，农民在一英亩地里播撒 10～20 蒲式耳的骨肥，当时的农业专家指出，这种做法带来了农作物奇迹般的高产[41]。大多数骨头被粉碎成骨粉，农民们知道这是快速增加肥力的最佳方法。一些骨头被敲成碎片，这对作物产量的影响虽不太大却很持久。有时，整块骨头被撒在庄稼上，有点像粗糙的美乐棵（Miracle-Gro）* 植物缓释肥棒的前驱体。

在这一点上，没有人确切地知道为什么要用骨头来种植像蔓菁

* 美乐棵（Miracle-Gro）是美国施可得公司（The Scotts Company）旗下品牌，该公司是全球最大的园艺用品和特种农业肥料制造供应商。——译者注

和小麦这样的作物，也不知道该如何用。但大家都认为，骨头有助于满足英格兰19世纪人口爆炸性增长的需要。据《莱斯特纪事报》（*Leicester Chronicle*）1839年的报道称，"成千上万英亩土地现在处于耕作期，且产量颇丰，但如果没有骨肥助力，这些土地将只能一直作为兔子窝，或者最多只能勉强养活几只饿得半死不活的羊"。[42]

然而，到了19世纪60年代，英国人已经很难找到——或者挖到——足够的死人遗骸来维持活人的生计了。幸运的是，一位世界知名的探险家在地球的另一端发现了一种新的肥料来源。

1769年9月14日，弗里德里希·威廉·卡尔·海因里希·亚历山大·冯·洪堡男爵（Baron Friedrich Wilhelm Karl Heinrich Alexander von Humboldt）出生在柏林一个显赫的普鲁士家庭。在此三个月前，威灵顿公爵出生于都柏林一个盎格鲁-爱尔兰贵族家庭；而之前一个月，据说莱蒂齐娅·波拿巴（Letizia Bonaparte）在科西嘉岛家中客厅的破旧地毯上生下了拿破仑。

洪堡的父亲是普鲁士军队的一名军官。对了解这个家庭的人来说，儿子有一天会追随他的脚步走上战场似乎是合乎逻辑的。这其中就包括腓特烈大帝（Frederick the Great）。有一天他在访问洪堡家时，偶遇年少的洪堡，当时他正在家族庄园宽阔草坪上的菩提树树荫下与一位家庭教师一起学习。

"你叫什么名字？"国王问道。"亚历山大·冯·洪堡，陛下，"这个8岁的孩子答道。

"亚历山大，"国王回应道。"这个名字很好听。我似乎记得有个征服者叫这个名字。你希望成为一个征服者吗？"[43]

这个男孩答道，"是的，陛下，但要用我的头脑。"这个男孩后来成为19世纪最著名的科学家之一。

洪堡长大后成为闻名遐迩的探险家和博物学家。他一生中有大部分时间都在试图将植物学、动物学、海洋学、地质学、气候学、气象学和矿物学等新兴领域综合成一个新的领域，也就是今天许多人所说的生态学。

19世纪初，洪堡到美洲做了5年的考察研究。正因为此，他能够清晰地描述自己亲眼观察到的世上纷繁交织的生命所组成的“错综复杂的网状结构[44]”。一位当代博物学家称洪堡是“有史以来最伟大的科学旅行者”[45]。这位博物学家就是查尔斯·达尔文。

油酥皮中包裹着的一块灰色的肉，是以威灵顿的名字命名的*。心理学中有一个以身高只有5英尺5英寸的拿破仑命名的“拿破仑情结**”。而洪堡呢？今天，单是在现实世界中，你可以摘一种洪堡蘑菇，被洪堡仙人掌扎一下，侍弄一株洪堡兰花，描画一朵洪堡百合。有一种大耳蝙蝠、一种猴子、一种海豚、一种企鹅、一种猪鼻臭鼬，都是以洪堡的名字命名的***。

其次还有体型巨大的洪堡鱿鱼，它游动在洪堡洋流之中；而洪堡洋流可以说是洪堡最重要的发现，至少对现代农业的发展来说是如此。1802年，波澜壮阔、鱼群如云、营养丰富的海水沿着南美洲西海岸奔腾而过，将洪堡和他的探险队成员吸引到秘鲁附近的荒漠群岛上。那

---

* 即威灵顿牛排。——译者注

** 是指身材矮小的人出于自卑，存有在其他方面要强过别人的补偿心理。学者们认为这种情况更多的是出现在动物界，体型矮小的动物通过出其不意的进攻，从而在进食、保卫领土等过程中取得对体型较大动物的优势。另外，由于英法计量单位的不同，导致身材并不算矮小的拿破仑被误认为仅有1.58米左右，加上某些政敌的诋毁，更加深了人们的这一误解。——译者注

*** 作者此处所提到的洪堡蘑菇是一种红菇属（Russula humboldtii）；洪堡仙人掌中文又称姬春星（Mammillaria humboldtii）；洪堡兰花是指洪氏香蕉兰（Myrmecophila humboldtii）；大耳蝙蝠是指洪堡大耳棕蝠（Humboldt's big-eared brown bat, Histiotus humboldti）；猴子应该是指洪堡白额卷尾猴（Humboldt's White-fronted Capuchin, Cebus albifrons）；海豚是指亚马孙河豚（Amazon River Dolphin, Inia geoffrensis humboldtiana）；猪鼻臭鼬是指洪堡猪鼻臭鼬（Humboldt's hog-nosed skunk，Conepatus humboldtii），又称巴塔哥尼亚獾臭鼬；洪堡洋流又称秘鲁寒流，它沿南美西岸从智利南端延伸至秘鲁北部，由南极向赤道方向流动，将南太平洋中下层的冷水带到洋面，对气候、渔业资源、农业等产生了巨大的影响。据不完全统计，以洪堡命名的动植物大约有400种，还有许许多多的科学定义、自然现象、地名等以洪堡的名字命名。——译者注

里的干旱使他感到困惑，冬天总是雾气蒙蒙，总是让人感觉要下雨了，但雨滴却从未落下过。

洪堡航行到秘鲁皮斯科（Pisco）附近的一个岛屿，他发现那里完全没有植被，但到处都是燕鸥、海鸥、鹈鹕和鸬鹚等以鱼类为食的鸟类。洪堡做过测量员，他捕捉了一只鸬鹚，记录下它一天排便的量：5盎司。仅在秘鲁这样一个小岛上，估计就有500万只筑巢的海鸟[46]，每天通过它们的消化道排出大约200万磅的鱼。在地球上的大多数地方，经常性的降雨会将由此产生的“废物”冲入大海。在秘鲁则不然，沿海的水汽还未形成雨水冲刷海岸，就被安第斯山脉吸走了[47]。因此，数千年来这些岛屿上的鸟粪就这样一层一层堆积着，形成了一座座小山一样的白垩状粪便，有些已高达100多英尺。

南美人早在哥伦布时代之前就将这些“海鸟粪岛”视为农用肥料的重要来源。事实上，印加人（Incas）非常珍视保护这些生产鸟粪的海鸟。根据史料记载，滋扰鸟类被抓到会被处以死刑。

16世纪，征服者肆无忌惮地摧毁了印加帝国（Inca Empire）及其农业经济。当时的印加帝国已经发展出一套由灌渠、水库、梯田和海鸟粪输配网络组成的复杂而高效的体系。两个多世纪后，洪堡来到这里，看到太平洋沿岸的原住民仍在大量使用海鸟粪。他想这种海鸟粪可能同样会让欧洲的农民获益。

尽管船员们抗议说无法忍受这种臭味，洪堡还是带回了一批干鸟粪，想看看它是否能在大西洋对岸创造出类似的奇迹。

1799—1804年，洪堡在南美探险期间的各种发现早已传遍了整个欧洲。他回国时已经成了一个闻名遐迩的名公矩人，拿破仑在杜伊勒里宫（Tuileries Palace）花园里接见了他。这位欧洲最著名的勇士似乎并没有觉得这位著名探险家有什么了不起[48]。“我听说你收集植物，是吗？”拿破仑问道。洪堡回答说是的。拿破仑耸了耸肩，很不屑地说："我妻子也收集。"说完就走了。

洪堡用海鸟粪进行了小规模的农业试验，结果喜出望外。但在南美洲以外的地方首次进行大田的规模性鸟粪化肥试验（虽说不是第一次类似的试验），实际上是1809年在南大西洋的一个英国小岛上进行的。该岛的总督熟知欧洲的海鸟粪实验，他迫切地想知道当地的鸟粪是否能在他那块贫瘠的火山岩小岛上同样提高马铃薯和甜菜的产量。一些样本地块用海鸟粪施肥，另一些则用马粪，还有一些用猪粪。用海鸟粪施肥的作物大获丰收，很快，岛上的农业生产用地就增加了一倍[49]。

这对信风吹拂的圣赫勒拿（St. Helena）岛的每个人来说都是好消息，包括1815年10月在黑暗中从一艘英国皇家船只上走下来的那个身材矮小的中年男子。他来到巴尔科姆（Balcombe）家族名下的一间小屋，那里曾是威灵顿公爵本人居住的地方。

威灵顿只是在几年前从印度返回的途中访问过这个岛屿。这位新的居住者拿破仑，将作为英国囚犯在圣赫勒拿岛度过他的余生——总共2 027天[50]。这个安排让一年前在滑铁卢战场上击败这个小个子将军的威灵顿公爵非常满意。

1816年，威灵顿在给一位朋友的信中写道[51]："你可以告诉博尼（Bony）*，我觉得他在爱丽舍-波旁（Elysee-Bourbon）的房子非常舒适。我希望他也喜欢我在巴尔科姆家住过的那个房间。"这位朋友在圣赫勒拿岛上负责看守流亡中的拿破仑。

在圣赫勒拿岛开始的这场欧洲肥料革命，大约30年后才跨过大西洋向东传播。造成滞后的一个原因是，一艘船从英国到南美西海岸往返运送货物需要近8个月的时间。另一个原因是，19世纪的秘鲁人并

* 即拿破仑。——译者注

不急于出售如此珍贵的自然资源。

但在整个 19 世纪 20 年代和 30 年代，偶尔还是有小批量的秘鲁海鸟粪运抵英国，并继续在受试作物上证明着它们的效力。一方面，可供英国农民用于耕作的动物骨骼和战场遗骸越来越少；另一方面，英国快速膨胀的城市化人口加剧了人们对饥荒的担忧。最终，秘鲁政府于 1840 年与欧洲商人达成协议，开始定期向大西洋对岸运送海鸟粪。

第二年，大约 600 万磅南美海鸟干粪运抵英国。接下来的一年中，海鸟粪进口量达到 4 000 多万磅。这项贸易开始后仅仅 5 年的时间，数百艘船只从南美西海岸运往英国的海鸟粪就达到了近 6 亿磅[52]。

大部分的秘鲁海鸟粪不仅富含磷（P），还富含氮（N）和钾（K）——我们今天知道这是 3 种关键的肥料元素。事实上，南美洲的一些海鸟粪矿所含氮-磷-钾的比例与今天在商店购买的化肥中的比例相差无几。

这意味着海鸟粪不仅仅是富含磷的骨头的替代品，它更是一种升级。在海鸟粪贸易的第二年，《利物浦水星报》（*Liverpool Mercury*）宣称，海鸟粪对这个国家“由于过度耕种肥力耗尽的土地”的影响简直是“神乎其神”[53]。根据当时的估算，进口 1 磅的海鸟粪相当于进口 8 磅的小麦。

当时的一份出版物有这样的解释：“鸟是一个组织精当的化学实验室，只需进行一项操作……将鱼作为食物，通过呼吸功能消耗掉碳，便能将剩余部分变成无与伦比的肥料沉积下来。”[54]

鸟的消化道也是一个小型的毒药工厂。1845 年，一位英国医生曾报告说，他曾照顾过一个去镇上取海鸟粪的农民，这个农民急着回家的时候，很随意地把袋子里装满了这种腐蚀性的粉末。医生说，“他用嘴叼着袋子的一角，海鸟粪非常干燥，他感觉到其中的一些粉尘进入了他的喉咙。”[55] 这位农民不久后就死了，死前还吐了好多血。

为他治疗的医生建议使用海鸟粪过程中要小心，不要吸入这种白要物质，但秘鲁挥舞镐头的鸟粪开采工却无法做到。

也许这并不奇怪，秘鲁商人很难找到愿意做开采鸟粪这种又苦又累又危险的活计的当地人，以达到英国人要求的开采规模。最初雇用的是犯人，但等待装载鸟粪的船只大排长龙，所雇的人数远远无法满足装舱所需。同时，奴隶主也不愿意拿他们的“财产”去冒险做如此危险的工作。

最终，粪矿矿主们转向了中国劳工，这些劳工在当时被蔑称为“苦力”。这些年轻人渴望逃离饱受战争蹂躏的家园，为了换取一张前往美洲的通行证而沦为了奴隶。运气好的人到达了美国和中南美，找到了做厨师、面包师、园丁和金矿工人的工作，运气不太好的人在铁路上做苦工或成为种植园工人，最倒霉的则是登上了鸟粪岛。

记录显示，在1860—1863年从中国乘船前往秘鲁的7 884名中国劳工中，约有2 400人在越洋途中丧生，死亡率超过30%[56]。但航行还只是苦难的开始。据估计，在1849—1874年的劳工贸易高峰期，运往秘鲁的劳工人数高达10万人[57]。并非所有的人都去开采海鸟粪，但那些去开采鸟粪的人经常受到鞭笞，许多人都没能活下来。

有些人死于有毒的粉尘，有些人活活累死，有些人在逃跑时惨遭杀害，还有许多人自杀。当时的一篇新闻报道详细描述了这样一个情节：大约50名矿工手拉手从一座鸟粪山上跳下身亡[58]。

秘鲁岛屿上发生的这些骇人听闻的事情在《纽约时报》（*New York Times*）和《曼彻斯特时报》（*Manchester Times*）等报纸上都有报道，但这些事情并没有减缓对南美鸟粪矿藏的开采速度。人们认为，这些矿藏储量巨大，可谓是取之不尽用之不竭。19世纪中叶，连美国和欧洲各地的农民也都开始依赖南美海鸟粪。有人预言，单是秘鲁岛屿上的海鸟粪储量就足以用到21世纪。还有人说，如果再加上南美其他岛屿上的海鸟粪矿藏，南美大陆的鸟粪供应基本上可以做到“无限量供应”[59]。

实际情况却恰恰相反，秘鲁的矿藏在短短数年内就消耗殆尽了，根本不是几个世纪。1840—1880 年，秘鲁出口了近 280 亿磅（约合 1 300 万吨）鸟粪[60]，到 1890 年，储量基本耗尽。

那些经历过秘鲁海鸟粪最高峰时期的人都惊呆了，因为他们亲眼看见了这场鸟粪热走向了终结。

19 世纪末，一位矿业工程师这样写道：“20 年前我第一次看到这些岛屿时，它们轮廓分明，高大挺拔，山体呈褐色，如生灵一般伫立在大海中，反射着天空的光芒，或是在蓝色海面上投下热带阳光那柔和细腻的阴影。而如今，这些岛屿看起来像被斩首的生灵，或者像巨大的石棺，总让人联想到死亡与坟墓[61]。”

即使鸟粪贸易在 19 世纪中叶出现了爆炸式增长，许多英国农民仍然依赖更为便宜和更易获得的骨头。问题是，在英格兰的一些地区，骨头的增产效果异常惊人，但在其他地区则不然。于是当时的化学家们开始着手一探究竟：是什么让骨头具有这么好的肥力。

其中一位是约翰·劳斯（John Lawes），他是一个富裕的乡下孩子，在英国有着“精英摇篮”之称的伊顿公学（Eton）预科学校虚度了几年光阴。他曾经吹嘘说：“我学到的东西只够逃避惩罚，仅此而已。”他又在牛津大学学习了一段时间，同样一无所成[62]。之后，劳斯回到了家里，试着在伦敦北部自己家的庄园里当农民，干出一番事业。劳斯显然缺乏希腊语或拉丁语方面的禀赋，也没有文学、艺术、哲学或数学方面的天资。但他不知为什么对化学产生了浓厚的兴趣。一位邻居建议他做些实验，弄清楚为什么骨肥在他们自己的土壤里没有效果，而在英格兰其他地区的农场中却发挥出了非常神奇的作用。他随后便开始研究化学物质为什么能提高作物产量。

劳斯在这个由谷仓改建的实验室里刻苦钻研。经过一番研究，他终于搞明白了，问题在于他所在地区的土壤里缺乏一种自然酸度来释放骨头和某些类型岩石中的肥力。在19世纪30年代末的实验中，他通过将这些骨头与硫酸混合，之后将混合物作为盆栽卷心菜的肥料，效果非常好。这些实验证明了他的猜测。

到1840年，他的实验已经扩大到了整片农田。劳斯认为，规模越大效果越好。他并不满足于仅仅在科学文献中展示其成果，他渴望让他的邻居们看到他的实际成果。

2019年11月一个天色灰暗的下午，已退休的土壤学家保罗·波尔顿（Paul Poulton）驾驶着他那辆满是泥污的黑色福特福克斯，沿着近200年前劳斯耕作过的田野上的车辙颠簸而行，他对我说："他（劳斯）希望进行大规模的试验，这样他就可以向其他农民展示这种肥料的肥力，其他人也就可以明白，肥料在他们的地里也能发挥出作用。"

1842年，劳斯为他的酸骨混合物申请了专利，并将产品命名为"过磷酸盐"。他从这种开创性的化学肥料中赚了很多钱，最终他捐出了自己的庄园，把它改造成一个巨大的农业实验室，也就是今天的洛桑研究所（Rothamsted Research）。这是世界上历史最为悠久、迄今仍在从事农业实验的研究机构，也是一座引人注目的纪念碑，它证明了化学物质是可以保证集约化耕作土地在几十年甚至几个世纪内的肥沃丰产。当时的肥料研究对现实世界的影响非常惊人。一项研究表明，在1840—1880年，英格兰谷类作物的平均产量几乎翻了一番[63]。

但就在劳斯开始在他的田地里用经过化学强化的骨肥创造奇迹时候，其他科学家也都在实验室里辛苦努力着，朝着类似的方向前进。这其中就包括德国的尤斯图斯·冯·利比希（Justus von Liebig），他得出了同样的结论，即通过将骨头与酸混合来增强骨头的肥力。但利比希的大部分工作是在实验室里完成的，而不是在农田里。

利比希被许多人认为是有机化学的创始人，他发现，植物焚烧过程中释放出碳、氧、氢和氮——所有这些元素在空气和水中都大量存在[64]。在灰烬中，他还分离出了磷和钾等元素。根据这项研究，利比希在1840年推广了后来的矿物植物营养理论，认为无须从曾经有生命的东西中提取肥料，人们可以从原材料本身，即没有生命的元素中提取。化学肥料革命的曙光已经初现。

如果你想做5个火腿奶酪三明治，你会需要10块面包、5片火腿和5片奶酪。如果你只有8片面包，你只能做4个火腿奶酪三明治。如果你只有2片火腿，你只能做2个火腿奶酪三明治。而如果你根本没有面包，你就做不成火腿奶酪三明治，不管你有多少片火腿和奶酪。

这当然是常识，但当利比希和其他人开始将“限制因子”定律应用于农田施肥时，这无疑是革命性的[65]。这一观点认为，作物的生长不受植物所需的土壤中各种营养物质总和的限制，正如我们现在所知，最基本的3种营养物质是：磷、氮和钾。相反，植物生长受到数量最少的营养物质的限制。

教授们演示今天所谓的最低因子律的一种方式是让学生想象一个装满水的木桶。一只木桶通常由30块独立的弓形木板（名为桶板）组成，这些桶板在木桶的底部、中部和顶部用钢圈箍在一起。现在，如果其中一根桶板短了7英寸，而另一根桶板短了2英寸，那么这个桶装水的水位永远不会超过距桶上沿7英寸的地方，这自然是因为木桶最短的那块桶板是它的限制因子。现在，如果你把那块短7英寸的桶板修好，让它到达桶上沿，那么这只桶就可以装得更多，但最多也只能装到距桶上沿2英寸的地方，这是因为第二根短板现在成了这只桶装满水的限制因子。

最低因子律认为，农民不一定需要骨头、牛粪、鸟粪、头发、血液、泥灰或其他任何他们通过反复试验证明可以确保农作物产量的物质，从而破除了关于作物种植的魔法传说。相反，作物需要的是天然肥料中所含的磷、氮和钾这些土壤必需的营养物质。随着化学的进步，人们认为农业生产者可以通过土壤采样，找出其中最缺乏的营养元素，然后针对性施肥来提高作物产量。利比希甚至宣称，一个可以为每块田地开出不同肥料处方[66]的时代即将到来，“就像目前给发烧和甲状腺肿大这两种病症开不同的药方一样”。

他是对的。但开处方是一回事，按方抓药则完全是另一回事。

到19世纪50年代，即使海鸟粪贸易开始兴起，英国农民仍然在进口锁骨、股骨、胫骨和髌骨等他们能够搞到手的所有东西。这种搜刮，包括劫掠埃及废墟中的人类遗骸和木乃伊猫的行为，让利比希感到震惊。

利比希怒斥道：“大不列颠剥夺了所有国家丰产的资源。它耙遍了莱比锡、滑铁卢和克里米亚的战场，吞噬了西西里地下墓穴中积存了许多代人的尸骨……它就像一个吸血鬼，挂在欧洲甚至世界的胸前，吮吸着生命之血，既不是出于任何实际的需要，也不会为自身带来任何永久的利益。很难想象，这种对神圣秩序的破坏罪行可以永远持续下去而不受惩罚。惩罚英国的日子就会到来，甚至比惩罚欧洲其他国家的时间到得更早。到那时，把它所有的黄金、钢铁和煤炭等财富累加起来，都无法再买回过去几个世纪中恣意挥霍掉的资源的千分之一[67]。”

但是，一些新发明将会彻底淘汰掉骨肥。1842年，约翰·劳斯（John Lawes）获得了化学肥料专利。几年之后，他对专利进行了改写，他的配方甚至没有具体提到用硫酸处理骨头。修改之后，这项专利产品的磷含量基本达到了可用程度。而且，事实证明，这些材料就远不止骨头和鸟粪了。

我们的自然界再也不会那么自然了。

第 3 章

从骨头到石头

“取之不尽，用之不竭”的秘鲁海鸟粪储量在 19 世纪末消耗殆尽，农民们被迫在全球范围内找寻新的磷源，以及另外两种肥料养分。

钾的解决方法相对简单。很久之前海洋干涸后钾以盐的形式留存下来，其可开采储量即使在今天，依然非常丰富。氮元素却不同。19 世纪，人们在南美的一些沙漠地区发现了一种可开采的硝酸盐矿（氮和氧的化合物），不过在全球范围来讲，这种元素的农用地质储量还是很少的。

这并不是说自然界中缺乏氮，我们呼吸的空气中氮含量超过 78%。问题是它的存在形式对大多数植物来说是无法获得的，就像水分子（H_2O）中所含的氧（O）对溺水的男孩而言根本没用是一样的道理。

但是有一类植物——豆科植物，可以将大气中的氮转化为作物所需的形式。简单地说，豌豆、菜豆、花生、扁豆、三叶草及其所有的近亲都能从大气中提取氮，并将其与氢原子结合。因此，农民可以通过定期种植豆科作物，然后将其翻回到土壤中，为缺氮的土地补充氮元素，给小麦、水稻和玉米等营养匮乏但又不能与氮元素结合的作物提供补给。

到19世纪末，农学家们理解了种植豆科植物维持农田氮营养的价值。但他们也担心，仅靠豆科作物无法满足不断膨胀的人口对谷类作物的需求，必须找到新的替代品来替代储量日益减少的南美海鸟粪和硝酸盐。

这里要提到一件奇特的事情：一个受到指控、德国有史以来最为邪恶的战犯，竟然也是最受尊敬的一位科学家。

从真正意义上讲，弗里茨（Fritz）不算是第一次世界大战的前线士兵。他是个秃头，戴副眼镜，臀部肥硕，在战壕里行动迟缓。战场上，他似乎总是把注意力集中在头顶上吹拂而过的微风上，而不是呼啸而过的炸弹和子弹。弗里茨拥有一所名牌大学的学位，但进入军队时已人到中年，军衔为军士长。然而，1915年4月22日，正是弗里茨在佛兰德的战场上下令开火。更确切地说，是弗里茨命令德军停止以传统方式开火，而是以出乎意料的卑鄙方式发起进攻。

一名听从弗里茨命令的德国士兵后来回忆道[68]，“那天是晴天，阳光很灿烂。凡是有草的地方，都泛着耀眼的绿光。我们本应该去野餐，而不是去做我们要做的事情。”

他们所做的就是打开大约5 000个加压气瓶的阀门，让烟雾随风沿着比利时4英里的前线方向慢慢散开，随着弗里茨仔细监测的风向飘向盟军。双方交战无人地带另一边的盟军以为滚滚而来的灰绿色烟雾是烟幕，是敌人野蛮冲锋的前奏，但事实证明，这烟雾就是冲锋。那是氯气。

“我们看到的是全军覆没，没有剩下一个活的。从洞里跑出来的所有动物都死了，兔子、鼹鼠、大鼠和小鼠的死尸遍地都是，”这名德国士兵回忆道。“当我们到达法国的防线时，战壕里空无一人，但在半英里范围内，到处都是法国士兵的尸体。这真是令人难以置信。然后我们看到一些英国人，你可以看到那些人抓扯着自己的脸和喉咙，艰难地呼吸着，有些人开枪自杀了。”

据估计，历史上第一次大规模氯气袭击造成的死亡人数超过 1 000 人，另有 7 000 人受伤。到战争结束时，由德国人和盟军发动的化学武器攻击造成双方大约 130 万人伤亡[69]，其中死亡人数超过 10 万人。但是首场化学战是由德国化学战计划的领导者弗里茨发动的。

在 1918 年战争结束后的几个月里，弗里茨在全世界臭名昭著，身份是最令人发指的一名德国战犯。但在第二年，他又一次为世人所知，这一次身份完全不同，是诺贝尔奖得主。

一个是他罪有应得，一个是他实至名归，因为弗里茨的所作所为的确颇具争议。一支由德国科学家和技术人员组成的大军可能已经利用他们的黑板和实验室设备研制出了更具威力的炸弹、更有杀伤力的枪支、更为坚固的坦克和速度更快的飞机。弗里茨的与众不同之处在于，他迫切希望脱下白色的实验室大褂，穿上宽大的军装（配上德国人标志性的尖顶头盔），亲自策划战场上的屠杀。

然而，同样是这双沾满了成千上万名盟军士兵鲜血的手也创造了奇迹，将无数的平民从饥饿中拯救出来，为地球上的人口从 1900 年的 16 亿膨胀到今天的 70 多亿铺平了道路。那么，弗里茨究竟做了什么为他赢得了这个诺贝尔奖呢?

弗里茨·哈贝尔（Fritz Haber）想出了从稀薄的空气中制造面包的办法。

1909 年 7 月 2 日，他展示了一项发明，通过将通常大气中难以获取的氮气（N_2）转化为具有肥料特性的氨气（NH_3），达到种植上千块豆类作物农田才能达到的效果，可以基本上消除地球上氮肥短缺的问题。他利用热量、巨大的压力和一种金属催化剂，从甲烷中裂解出氢原子，并将其与大气中的氮结合起来，创造出植物养料。

他的这一重要发现在1913年变得更为重要，因为同为德国化学家的卡尔·博施（Carl Bosch）发现了大规模操作该过程的方法，实现了工业化操作。这对同样依赖氨来生产弹药的德国战争机器来说，绝对是千载难逢的时机。

现在所称的哈博法（Haber-Bosch process）对今天的人类来说和20世纪初一样重要，甚至更加重要。正如《自然地球科学》（*Nature Geoscience*）杂志在2008年的一篇文章中所说的那样："哈博制氮法给地球上大约一半的人口赢得了存活的机会[70]。"

然而，哈贝尔因子律失去意义，因为它没有解决磷的供应问题。这个瓶颈在19世纪中叶以一种完全不同的方式被打破，而且是在一位年轻女性的帮助下完成的，她挥动铁锤，无人能比。

伦敦自然历史博物馆（Natural History Museum）的主厅不仅是自然世界奇观的纪念碑，也是大英帝国阳刚之气的纪念碑。

在罗马式大厅的大楼梯平台上，有一座高耸的查尔斯·达尔文大理石雕像。达尔文的左边悬挂着另一位进化论之父艾尔弗雷德·拉塞尔·华莱士（Alfred Russel Wallace）的画像。达尔文的右边矗立着一尊弗雷德里克·C.塞卢斯船长（Captain Fredrick C. Selous）的青铜雕像，他怀抱着步枪，头戴着宽边软帽。1917年，这位著名的英国博物学家（也是一位狮子猎手）在非洲的贝霍贝霍战役（Battle of Behobeho）中丧生。有时人们称他是最为嚣张的美国总统西奥多·罗斯福（Theodore Roosevelt）的"亲兄弟"。附近空旷的大厅里，有一幅铜质浮雕，上面雕刻着两位富有传奇色彩的（男性）鸟类学家*。

---

* 浮雕上的两人分别为著名的昆虫与鸟类学家弗雷德里克·杜坎·戈德曼（Frederick DuCane Godman，1834—1919）与奥斯伯特·萨尔维（Osbert Salvin，1938—1898），两人在发现新物种和鸟类分类学方面做出了一定的贡献；二人还合著有52卷的《中美洲生物志》（*Biologia Centrali-Americana*）。——译者注

我参观的那天，在整个馆内，除了英国女王伊丽莎白二世（Queen Elizabeth Ⅱ）早在1981年给该博物馆建馆100周年赠送的纪念牌匾外，我能找到的唯一突出的雌性角色是一个体型巨大、重达9 000磅的蓝鲸骨架。它被放置在7层楼高的大厅的椽架屋顶，异常醒目。这头蓝鲸1891年在爱尔兰东海岸被人用鱼叉捕获，它的名字叫霍普（Hope）。

我小心翼翼地沿着主厅外的一条走廊走下去，才找到了一位19世纪女博物学家的名字，在博物馆的霸王龙烤肉店（T-Rex Grill）对面，有一幅肖像，画的是一个身穿着破旧绿裙，表情严肃的女人，她紧握着一把锤子。这幅画的标题是：玛丽·安宁（Mary Anning）——化石女杰。

安宁出生于1799年，死后很久才因为一首儿童绕口令诗《她在海边卖贝壳》(She Sells Sea Shells by the Seashore）为大众所知。据说，这首诗的灵感就是来源于她。但安宁所做的不仅仅是兜售贝壳，她是一位杰出的化石发掘者，甚至在古生物学家这个词出现之前就是一位首屈一指的古生物学家。著名的科学史家和进化生物学家斯蒂芬·杰·古尔德（Stephen Jay Gould）曾经说过，她“可能是古生物学历史上最为重要却鲜为人知的（或者说没有得到应有赞美）的采集权威”。

安宁和她的哥哥乔（Joe）开始在英国海滨城市莱姆里吉斯（Lyme Regis）附近的海岸搜寻那些凝固在岩石和时间中的海洋生物遗迹时，她还不到10岁，但他们冒着危险沿着不断坍塌的悬崖底部进行挖掘，绝对不是为了好玩。孩子们是在为餐桌上的食物而奔波。他们的父亲是一个橱柜制造商，生意举步维艰，生性爱找麻烦。在安宁出生的第二年，她的父亲领导了一场“面包暴动”，抗议由于英国粮荒造成的食物短缺。当时的粮荒至少在一定程度上与日益恶化的土壤条件有关。

这家人转而在他们的橱柜店出售化石，以此来维持生计。孩子们的母亲为此感到沮丧，但玛丽·安宁发掘古代生物的出众技能不仅能帮着养家糊口，而且还间接帮助英国摆脱了 18 世纪和 19 世纪初长期存在的肥料短缺问题。这与弗里茨的发明一起，为地球新增数十亿人口奠定了基础。

这一切都始于一颗带牙齿的巨大的野兽头颅，这是孩子们挥舞锤子从悬崖上敲下来的。今天这颗头颅在伦敦自然历史博物馆与安宁的画像一起展出。它长着短吻鳄般的鼻子，有美国职业高尔夫球协会选手的高尔夫球袋那么大，牙齿比雪茄还粗，眼睛的直径有如餐盘。这个标本既令人着迷又让人害怕，但它还是被挤放在走廊的一个嵌入式陈列架上。因此，成群结队的学生们去自助餐厅经过此处时没有注意到它，没有注意到他们肩膀上方这个大到能够将他们整个吞下的在地球上生活过的真实怪物。

安宁从悬崖上取出石化头骨，已经精疲力竭了。但她还是在父亲的指导下耐心地清理悬崖上剥落的页岩。在接下来的一年里，她又带领莱姆里吉斯的一群工人发掘出这只动物更多的化石遗骸。

她发掘出来的野兽被称为鱼龙（ichthyosaur），这个词来自古希腊语，是鱼蜥蜴的意思。她父亲从附近的悬崖上摔了下来[71]，后来感染了肺结核，没等到把这只野兽骨架完全出土就去世了。这种爬行动物看起来就像海豚和短吻鳄的杂交体。据说，鱼龙身长可达 80 多英尺，在水中游动时像摩托艇一样快。

像鲸鱼一样，鱼龙是陆生生物的后代，它们在陆地上生活了一段时间，后来不知道由于什么原因，又回到了大海之中。鱼龙也像现代的虎鲸一样，背部颜色比它们近乎发光的白色腹部要暗得多，从下向上攻击猎物的兽类最喜欢这种颜色。

安宁继续寻找其他的海洋生物遗骸，她把这些遗骸出售给博物馆和游客。有一次，她挖出了一个非常完整的标本，在它的消化道化石中，她找到了疑似粪便化石的证据。而且，就像俄罗斯套娃一样，这些块状物似乎有着自己的宝库；当安宁用锤子敲开它们时，她发现里面塞满了骨头和鳞片化石。

尽管安宁没有受过正规的科学训练，但她已开始在英国刚刚发展起来的博物学家群体中崭露头角。没有受过正规的科学训练并不意味着她蒙昧无知。前来观摩她工作的科学家们分享给她一些研究论文，里面还有精美翔实的插图。她就通过抄写这些内容来自学。1824 年，一位身份显赫的伦敦人在莱姆里吉斯遇到了当时还只有 25 岁左右的安宁，并写下了这样一段话：

"这个年轻女子的非凡之处在于，她已经完全熟知了这门科学，随便发现一块骨头，她都能知道这骨头属于哪一族。她用黏合剂把骨头固定在框架上，然后绘制图纸并让人据此进行雕刻……这当然是一个天纵奇才的极好例子——这个可怜天真的女孩应该得到如此的眷顾，因为通过阅读和实战，她已经积累了足够的知识，可以与教授和其他智者就这一主题进行写作与交流，大家都认为她对这门科学的理解已经超过了这个领域中的所有人。"[72]

因此，当安宁断定她发现了已灭绝的海洋生物的日常食物的证据时，那些博学之士都很相信她。

粪便化石的观点在 19 世纪 20 年代末成为主流。当时，牛津大学的地质学先驱威廉·巴克兰（William Buckland）向伦敦地质学会（Geological Society of London）陈述了他的观点。他认为鱼龙和其他古代海洋生物遗骸中的松果状石头确实是粪便化石。安宁的发现也支持了他的观点。巴克兰曾与安宁一起参与挖掘工作，十分赞赏她的"技能和勤奋"。他将这些化石粪便命名为"粪化石"（coprolites），这个词源自希腊语中的粪便（kopros）和石头（lithos）。而且他报告说，不仅是在海洋生物化石的腹部发现了这些粪便，在英格兰的一些沿海地区也发现了大量的这类粪便化石，孤零零地散落在地表[73]，“就像散落在地上的土豆”。

巴克兰认为，这些土块很像普普通通的粪便[74]。

“大多数情况下，它们的长度为2～4英寸，直径为1～2英寸不等。有些则要大得多，与最大的鱼龙巨大体型成正比……有些是扁平无定形的，好像这种物质是在半流体状态下排泄出来一样，”巴克兰写道。“通常的颜色是灰白色，有时夹杂着黑色，有时则是全黑色。其物质具有致密的泥土质地，类似于硬化的黏土。”

从粪便学角度来看，这可远不止是一种稀世珍品。鱼龙以其他海洋生物甚至是自己的幼仔为食，这颠覆了当时的基督教信仰，即上帝创造的生命在“人类堕落”（the Fall）之前是和谐共存的。这甚至成为创作于1830年的一幅画作的灵感来源。这幅画以生动的方式描绘了地球上史前生命所面临的杀戮或被杀戮的现实，赋予了安宁挖掘出的许多化石物种以生命。这幅画描绘了各种各样的凶猛生物，包括鱼龙、长脖子的蛇颈龙，以及箭石（我们前面提到的波罗的海海滩捡拾者格尔德·西曼斯基最喜欢的发现），它们互相追逐和捕食。

用水彩渲染的动物要么大张着嘴呈攻击状，要么拼命地飞逃。在水面之上，一只肥大的海龟从岸边跳下去攻击一个类似乌贼的生物，而附近的一条鳄鱼站在岸边，张着嘴像一只吠叫的狗，水中的一只长脖子蛇颈龙正在向它发起袭击。棕榈树在风中摇曳，而长着翅膀的翼龙在天空中进行着一场原始的混战。

粪便化石证明，生活在伊甸园（Garden of Eden）之中也并非易事。巴克兰说：“粪化石成为战争的记录[75]，记载了地球上世世代代栖息的动物之间彼此间发动的一场又一场战争。”

这幅画非常受欢迎，画家制作了复制品，并将其销售收入捐赠给安宁，资助她继续挖掘动物遗骸，安宁一直做到 47 岁，那一年乳腺癌夺去了她的生命。

19 世纪 40 年代初，正当约翰·劳斯开始在洛桑研究中心的农作物上测试他的化学肥料时，巴克兰与两位著名的化学家莱昂·普莱费尔（Lyon Playfair）和尤斯图斯·冯·利比希一起在英国海岸搜寻研究粪化石。巴克兰的同伴们不仅把这些香肠形状的块状物看作是古生物学的奇迹，而且还把它们看作是一个潜在的肥料来源，因为这个世界上干鸟粪的储藏量有限，而骨头也在迅速耗尽。

化学家普莱费尔几年后回忆道[76]："这引出了一个有趣的问题：这些灭绝动物的排泄物中是否含有动物粪便中价值如此之高的矿物成分。我们采集了标本，以便通过化学分析来证实地质学家的观点。"

利比希亲自进行了分析，结果令人震惊。分析结果显示，海岸线上散落的粪化石和其他石化物质，总体上都含有磷。利比希宣称，对 19 世纪的英国来说，这些岩石的重要性甚至可能超过了为工业革命肇始的蒸汽机提供动力的煤块。可燃煤被认为是古代植物生命的残留物，利比希认为这些化石同样可以被用作一种同样重要的"燃料"——生产粮食的肥料。

"这是一个多么奇特有趣值得深思的课题啊！"利比希在粪化石分析结果中发现磷之后发出了这样的感慨。"英国已经找到了化石燃料作为制造业的巨大支撑，现在又在已灭绝动物遗骸世界中找到了提高农产品产量的方法。化石燃料是原始森林的残留物，也是植物世界的遗迹。"

然而，并非所有人对此都那么狂热。

普莱费尔在这项发现几年后写道，"我清楚地记得（利比希的）这些话所引发的嗤笑狂潮，然而事实已经让怀疑论不攻自破，成千上万吨类似的动物遗骸现在用来提升我们土地的肥力。这位地质观测家在化学家的帮助下，在寻找远古生命证据的过程中，挖掘出了让后代能世代存续的灭绝动物遗骸。”

在 1840 年利比希发表植物矿质营养理论之前，某些类型的岩石曾被小规模开采用作肥料。粪化石的大部分实际上是富含磷的沉积岩，这一发现似乎让农学家更专注于寻找更多的岩基磷矿，这比粪化石中所含的磷本身更为重要。

通过化学分析，他们最终认识到，可以在某些沉积岩层中找到大量的磷。各种各样海洋生物死后年复一年永不停歇地沉积海底，历经亿万万年的演化慢慢形成了这种沉积岩层。在适当的条件下，洋流剥离岩石中的其他元素，所有这些石化碎屑中的磷就会富集起来[77]。在数百万年的时间里，地质突变将含磷的岩石抬升到陆地上，成为可供开采的磷质岩。

许多被称为“磷酸盐结核”的早期矿床分散于英国各地，开采量在 19 世纪 70 年代达到顶峰[78]。这些矿藏很快就枯竭了，到 19 世纪 90 年代初，开采量急剧下降[79]。这个时间正好也是秘鲁鸟粪储量耗尽的时候。

这一切发生的时间恰好是在地球人口在一个多世纪的时间里翻了一番达到 20 亿之际。幸亏在美国东南部发现了两处类似的可开采富磷沉积岩矿床，这些多出来的嘴才有了饭吃。19 世纪 60 年代首先在南卡罗来纳州发现了富磷矿，19 世纪 80 年代初又在佛罗里达州中部发现了一个规模更大的矿。到 19 世纪 90 年代中期，佛罗里达州的几十家公司和数以千计的矿工每年开采的磷矿超过 100 万吨[80]。

佛罗里达州的“骨谷”矿床主要由沉积岩组成，其形状和大小与游乐场秋千下面铺放的卵石差不多。而且，就像在英格兰海岸一样，它们通常是在各种早已灭绝生物（如剑齿虎、硕大无朋的鲨鱼、狰狞可畏的海牛和高大彪悍的熊）的化石遗骸中发现的。但是，所有涌入佛罗里达州的探矿者都带着一种蛮荒西部的心态*，甘愿为争夺修建骨谷道路的砾石而大开杀戒，和砾石的经济价值相比，这些奇异动物的科学价值就显得微不足道了。正如1890年2月13日《杰克逊维尔佛罗里达时报联盟》（*Jacksonville Florida Times Union*）报道的那样：

“皮特·唐宁（Pete Downing）拔出枪，说他拥有的铺在街上的磷酸盐比随便两个人拥有的总和都多，他要保护住他的那份……他们动不动就拔出枪械和刀具，聚齐三四十人准备大打出手，每个人都信誓旦旦地说自己拥有的矿石更多，也决意要占有更多，否则就决一死战。”[81]

20世纪之交，用佛罗里达州磷矿生产的化学肥料遍布全世界。但随着暴力追逐磷矿之势蔓延到全球各地，人类对这种元素的欲望变得更加强烈。

很快，受害者不仅仅是某些个人，而是整个文化。

贝克岛（Baker Island）是一块大岩石，比高尔夫球场大不了多少，上面长满了灌木，几乎正好坐落于太平洋中部的赤道之上。从1858年到1879年，一家美国公司开采了岛上较易开采的海鸟粪矿床。当时该公司认为已经从该岛获利不菲，便将采矿权卖给了一家名为太平洋磷酸盐公司（Pacific Phosphate Company）的英国公司。

大部分鸟粪已经被开采完毕，新业主便开始开采岛上的沉积磷岩矿床，其中大部分用镐头挖掘即可。但是，也有一些磷岩密度很大，只能用炸药炸成像门挡大小的岩石块。

---

* 在美国西部大开发期间，移民的扩张、迁徙与拓荒引发原住民与移民之间、移民与移民之间、各种宗教和价值观之间的各种矛盾，导致冲突不断，由于政府管制和治理不足，人们形成了一种自由、自主和独立的心态。——译者注

1899年的一天傍晚，艾伯特·埃利斯（Albert Ellis）正在澳大利亚悉尼太平洋磷酸盐公司的实验室工作，他突然注意到一块用作门档的石头与贝克岛的一些密度很大的磷岩有着惊人的相似之处。他向一位同事提及此事，同事说这块岩石并非来自贝克岛，公司的地质学家们已经得出结论，认为这只是一块又重又老的岩石而已。

埃利斯多年后回忆说："这似乎已经很有说服力了，但是在实验室工作时，那块岩石总是会吸引我的目光[82]，脑子里总是不停地闪现那块石头与贝克岛磷矿石的相似之处。大概是在三个月后，我才想到要检测一下。我敲下了一小块，碾碎，然后进行了常规的（磷）测试。"

分析结果显示，这块门挡石头中的磷含量是迄今为止品位最高的，其营养成分甚至比秘鲁的某些海鸟粪矿还要丰富。问题是，这块岩石来自太平洋上的一个岛屿，德国已经宣称拥有这个岛屿的主权。但一位同事告诉埃利斯，在它以东160英里的地方还有一个岛屿，还没有西方强国宣称拥有对这个岛屿的主权。从地质历史上讲，这个岛屿与德国的那个岛屿极为相似。在当时的航海图上，它的名字和你在地图上看到的一样不显眼：大洋岛（Ocean Island）。

埃利斯很快就制定了一系列计划，要从悉尼出发，穿越连绵2 600英里的广漠洋面，去赤道以南那块长满椰树的2.3平方英里的岩石上考察一下。埃利斯在日记中写道[83]，"如果大洋岛真如我所想，在上面即使赚不了几大笔钱的话，至少也能赚上一笔"。

这个小岛在海员中声名狼藉，埃利斯的一位同事对他登岛后面临的问题讲了一些非常刻薄的话[84]。"大洋岛的岛民都很难缠，"他警告说。"你要带上步枪和左轮手枪，一上海滩就要让那些原住民知道你可以使用这些枪支。"

17世纪，法国航海家划着桦树皮独木舟穿越北美那片如大海般辽阔的五大湖区（Great Lakes），许多人都对他们的冒险行为惊叹不已。仅苏必利尔湖（Lake Superior）就有缅因州那么大，从东到西的航行距离约为 350 英里。但是，穿越开阔水域并不是航海家们的通常做法。探险家们在美洲原住民的指引下，沿着湖岸线划桨而行，他们白天舀起翻滚的浪花解渴，晚上围聚在篝火旁尽享美味的鲜鱼，杯中斟满了佳酿，最终抵达了“淡水海”的彼岸。

与此形成鲜明对比的是，古代的太平洋移民从自己居住的岛屿出发，在一望无际的海洋中寻找新的陆地。这要在炎炎烈日的炙烤之下，乘着用椰绳绑扎的木板等材料做成的船只，穿过惊涛骇浪，横跨成百甚至上千英里的辽阔水面——显然这水还无法饮用。

他们驾驶的船只以帆和桨为动力，用太阳和月亮、星辰、海风、波浪、洋流、行云和飞鸟作导航工具。但是，有太多的迁徙不是以愉快的登陆结束，而是以空空如也的水罐告终。

的确，也有不少迁徙成功的案例。18、19 世纪欧洲商人和捕鲸者偶然发现并登上这些岛屿时，这些岛屿上独特的文化正蓬勃发展。大洋岛就是这样一个地方，在 19 世纪初被“发现”时，已经有至少 2 000 年的人类居住历史[85]。

19 世纪 50 年代初，一艘澳大利亚船只的船员曾将船停泊在海边，这是有记载的最早一批抵达大洋岛的白人。

船员们发现一些居民戴着用人类牙齿做成的项链[86]，但岛民们很快向客人们表明，他们并不猎取新鲜的臼齿。在接下来的几天里，双方彼此相互寒暄，相互交换物品，岛民们拿来了水禽，船员带来了一些烟草和一把斧头。大船很快就又启航了，还带着几个渴望到岛外看世界的岛民。能出去的时候他们出去了，真是很幸运。

大洋岛每年大约有 70 英寸的降水，这降水量超过了美国大陆的所有城市。然而，大洋岛陆地面积非常小，又饱受太阳的炙烤，因此，没有终年不绝的溪流或池塘。这里唯一的水源是从天而降的雨水。因此，如果雨水不来，那麻烦很快就会来了。

几百年来，岛民们只能爬进泥泞的洞穴，用椰壳盛装地表下大约100英尺的地方汇集的浑浊雨水，就这样挺过了一场又一场持续的干旱。19世纪70年代初发生了一场持续多年的干旱，即使是这些积存在地下的雨水也都干涸了。岛上的首领把每个家庭每天的用水量限制在一椰壳，即便如此，这用水量对他们的水储备而言也难以承受。

干旱持续到第三年时[87]，岛民们只能靠吸取海藻的汁液来度日了，但终究无济于事。

岛上的一位幸存者回忆说："人们牙龈腐烂，牙齿脱落，全身都是溃疡。他们倒在小路上，就死了；他们死在哪里，尸体就留在哪里，谁还有力气把尸体抬回家去埋葬啊？"

到19世纪70年代中期降雨再次来临的时候，岛上原有的大约2 000名居民中有3/4的人已经离世。

仅仅10年后，又一场灾难降临，最终没有一个岛民能逃过这场劫难。

1900年5月3日，埃利斯的船抵达大洋岛[88]，即今天的巴纳巴岛（Banaba Island）。尽管他的同事警告说，岛上的居民，即巴纳巴人，是游客的一大祸患，但埃利斯却发现他们很友好，希望用东西来换他们的鲨鱼齿剑、水果和鱼类。

船上的交易还没结束，埃利斯就带着一些现场测试设备溜走了，去岛屿腹地探查，找寻期望的磷岩矿。他在出发前就想好了，如果能找到1万吨磷岩，那对他那个濒临破产的公司来说将是一大笔"横财"。匆忙完成了第一天的勘察后[89]，他确信岛上的磷储量可能超过600万吨。"我们终于'挖到石油了'，"埃利斯回忆道，"再也没有比

‘井喷’更让人开心、惬意的事了。”

在第一天的日落之前，埃利斯与一小群巴纳巴人就岛上的岩矿开采权进行了谈判。他认为这些人是岛上的政治首领，因此，他后来声称这些人拥有签署岛上开采权的权力。双方通过一个仅略懂英语的翻译进行“谈判”。大概就是这个原因，岛民接受了一份手写的合同，赋予埃利斯的公司 999 年岩矿开采权利。作为回报，巴纳巴人每年将获得总计 50 英镑[90]。以今天的货币汇率换算，大约相当于 8 000 美元。

第一年，约有 1 500 吨磷岩被运出岛外。第二年，出口量猛增到 13 350 吨[91]，并且随着港口吃水深度的增加，可以停靠更大的船只来运走从遥远的日本、中国和夏威夷招募的劳工大军开采的所有碎石，出口量也随之成倍增长。

1900 年签订的那份合同最终做了修改，但岛民们仍然没有为他们珍贵的矿石争得一个相对公平的价格。1900—1913 年，太平洋磷酸盐公司获利 170 万英镑，而巴纳巴人得到的报酬还不到 10 000 英镑[92]。

一些巴纳巴人开始抵制将他们的个人土地割让给贪婪的采矿公司，于是就有人说要将巴纳巴人彻底赶出该岛。1912 年，《悉尼先驱晨报》（*Sydney Morning Herald*）有这样的报道[93]：“任由不到 500 名出生于大洋岛的本地人阻止开采、出口对全人类具有如此巨大价值的（产品），这简直令人难以置信。”

该公司和岛民们最终达成了另一项交易：太平洋磷矿公司在开采岛上其他土地时要支付更高的费率，并为开采的每吨岩石支付更高的特许权使用费。但这些钱没有直接支付给岛民，而是进入了一项为岛民设立的基金。这家矿业公司还同意不再强迫巴纳巴人在公司的商店里支付高得离谱的费用，因为商店对销售的咸牛肉罐头、鱼、食糖、茶叶、大米、饼干都是漫天要价，对最近遭受严重干旱的岛民来说，饮用水的要价更是高得离谱[94]。

1920年，澳大利亚、新西兰和英国政府将这家私营采矿企业转为由三国政府共同经营的上市企业。同年，一位来访的记者报道了该岛如何在短短20年内，从一片远离现代社会尘嚣的净土变成了惨遭工业劫掠的疮痍之地。他写道，海浪的哗哗声、鸟儿的啁啾声和棕榈树枝的沙沙声已经淹没在“微型城市”年复一年、夜以继日、不绝于耳的轰鸣声中了。

《维多利亚每日时报》(*Victoria Daily Times*)报道说[95]，“巨型机械设备呼呼飞转时发出的撞击声、火车刺耳的尖叫声、卡车震耳欲聋的轰鸣声不分昼夜，不止不休。满载的卡车和火车将珍贵的磷酸盐先后送至粉碎机、烘干机和贮料箱进行加工，之后由不定期货轮运往各个农业型国家”。

日本在第二次世界大战期间入侵了巴纳巴岛，认为岛上的磷有很多用处，但对岛民来说却百无一用[96]。岛民有的被日本人饿死，有的被斩首、枪杀或电击致死。侥幸逃脱一死的岛民最后也被送进劳改营。战争结束后，盟军把幸存下来的大约700名巴纳巴人从太平洋各岛屿集中起来[97]，转送到斐济一个偏远小岛上。这个小岛成为岛民的新安置点，是用岛民的特许采矿权换来的。

盟军将这些巴纳巴人运送到离他们的原住民小岛以南约1 600英里的那个岛上，给他们留下的食物供应仅够两个月。不出所料，暴风雨袭来，巴纳巴人得到的帆布帐篷四处飘摇，根本无法挡风遮雨，第一年就有数十人死亡。

同时，随着战争的结束和巴纳巴人的离开，英国人、新西兰人和澳大利亚人回到了巴纳巴岛，露天采矿的步伐加快，直到20世纪70年代末矿藏枯竭。运出的最后一批磷矿石采自岛上的高尔夫球场[98]，这也是磷矿主们在近80年的洗劫过程中，愿意保护的为数不多的几块土地之一。

到 1980 年，这个岛成了大洋中的一座鬼城，仅剩下锈迹斑驳的仓库、摇摇欲坠的石棉顶房屋、废弃的车辆，以及一条穿过岛礁一直延伸到深水里的破旧的钢质传送带。然而，在此后的几十年里，一小部分巴纳巴人开始重新定居在他们的原住民岛屿上，今天，该岛的人口大约为 300 人。岛上没有飞机跑道，也没有值得一提的重要产业；通往外面世界的只有一艘补给船，每隔几个月来一次，通常只停留一两个晚上。

在 20 世纪，巴纳巴的磷岩矿，以及太平洋和印度洋上其他几个偏远小岛上的类似矿藏，被运往世界各地。但大部分岩矿被运到了澳大利亚和新西兰严重缺乏营养的土地上。

正是因为有了这些太平洋磷矿，这两个岛国从 19 世纪落后的英国殖民地摇身一变成为 20 世纪的经济和文化强国。磷的使用不仅给这两个国家带来了大面积的生态绿色，也给两国民众带来了更丰富的食物和向肉食为主的食物结构的变化。向北美、欧洲和中东地区出口食品也为国民带来了巨额财富。

“澳大利亚和新西兰成为不列颠群岛和英属北美的翻版并不是自然而然发生的，”肥料历史学家格雷戈里·库什曼（Gregory Cushman）写道。“这是几个热带岛屿的系统性毁灭才换来的两个南半球国家的土壤和生物群的改善。”

如今，新西兰人每年用飞机和直升机在包括森林在内的农村地区撒下的肥料数量惊人，达到 200 万吨。

因此，当 20 世纪下半叶太平洋岛屿的磷储量开始消耗殆尽时，新西兰人迫切希望获得新的磷储备。他们最终找到了一个，这个地方可能是地球上唯一一个比巴纳巴岛更加悲惨的地方。

第 4 章

沙漠战争

2018 年 6 月 16 日星期六，是美国宇航员德鲁・福伊斯特尔（Drew Feustel）的休息日。他是国际空间站（International Space Station）的指令长，除了每 90 分钟环绕地球一圈外，他没有太多地方可去。这位有着三次空间站工作经验的老将是个狂热的业余摄影师，于是，他就飘到了俄罗斯轨道观测舱段，把他的尼康 D 型相机紧贴在一个舷窗上。

俄罗斯一侧的窗户比空间站美国一侧宏伟的“圆顶”观测站的窗户要小，但其宇航玻璃的光学质量更高。这对福伊斯特尔来说很重要，因为他的太空爱好是在比赛日拍摄全球各地汽车赛道的照片，而这一天恰好是勒芒 24 小时耐力赛（24 Hours of Le Mans）这一传奇赛事的开赛日。空间站以超过 1.7 万英里的时速向法国飞去，在经过非洲上空时，突然，下方有个东西一下子引起了这位地质学博士的注意。

“我喜欢研究地球构造特征，比如褶皱与逆冲带等，那些都是板块交汇的地方，可以看到因冰川作用而出现的折叠特征。”他告诉我，他经常花很多时间凝视地球家园。但是，下方大约 240 英里的沙漠中出现的类似蚀刻画的景色，看起来并不像是那些地质构造的一部分，隐隐约约地倒像是某种巨大的昆虫在撒哈拉沙漠的表面爬行留下的痕迹。

福伊斯特尔从未见过这种景象，他快速调了一下相机的焦距，好让自己看得更清晰一些。他说，“这显然不是自然形成的痕迹，主要是因为这个痕迹具有种种线性和方形的特征”。福伊斯特尔拍了一张照片，人权活动人士会告诉你，他用 1 600 毫米镜头捕捉到的是世界上最大最活跃的犯罪现场之一。就在一周前，一颗卫星在西非海岸上空约 400 英里的高度拍摄到的另一张图片使这幅照片的画面更加完整。

卫星发现码头上有一艘 650 英尺长的货船正在向货舱里填装沙子，堆得像山一样高。码头上方有一条传送带，一直延伸到大西洋碧绿的海水中，足足有两英里长。沙子就从传送带的尽头倾泻而下，倾倒在船上。从太空的角度来看，这一幕没有什么意义；这就好像一艘船正费尽心机从一个大得让美国大陆都相形见绌的沙漠中偷走一堆沙子。

但是，把对准谷歌图片上那条货船的镜头拉回来，让陆地进入视野，你可以看到一条如铁轨般笔直的线穿过荒漠，向内陆延伸数百公里，一直到福伊斯特尔拍摄的奇异地貌的中心。

事实上，福伊斯特尔无意中拍到的是一座巨大的磷矿，建于西班牙殖民时期。地面上那条连接着磷矿和货船的线是世界上最长的传送带，建造于半个世纪之前，用于将白垩质的磷矿石从矿区运到北大西洋，再从那里运往世界各地的农田。

它也是一条新出现的战线。

20 世纪 70 年代中期，西班牙放弃了对这个名为西撒哈拉（Western Sahara）的地区的殖民主张，而这片领土——连同该矿——立即被邻国摩洛哥（Morocco）接管。

如今，摩洛哥经营着该矿并从中获利。地球上有很多令人垂涎欲滴的沙漠，沙特阿拉伯（Saudi Arabia）加瓦尔油田（Ghawar oil field）所在的沙漠是其中之一，这片沙漠也名列其中。但这片沙漠究竟归谁所有，成为摩洛哥和当地原住民撒拉威人（Sahrawis）激烈争端的焦点。

福伊斯特尔说："我真不知道这个地区竟然有这么多故事。"

有这种想法的人绝非只有他一个人。几个世纪以来，世界上很多人都认为西撒哈拉只不过是一片荒漠，原住民的游牧民在那里与角蝰蛇、啮齿动物和蝎子争夺生存空间。然后，就在第二次世界大战的战火蔓延到邻近的摩洛哥和阿尔及利亚时，西班牙的一名地质学学生骑着骆驼来到了这里。

20 世纪 40 年代初，马德里大学（University of Madrid）的博士生曼努埃尔·梅迪纳（Manuel Medina）来到西撒哈拉勘察。他的考察不仅仅是一项学术活动。尽管西班牙在二战期间基本上保持中立，但由于 20 世纪 30 年代的西班牙内战（Spanish Civil War）摧毁了该国的经济，其 2 700 万民众仍面临着自然资源的极度短缺。

梅迪纳是西班牙独裁者弗朗西斯科·佛朗哥（Francisco Franco）派出的一个地质勘探队的队员，他们前往当时的西班牙撒哈拉殖民地，勘探那里的沙子和泥土，寻找急需的石油、煤炭、铁和磷等自然资源[99]。那时没有全球定位系统，没有越野车，像梅迪纳这样骑在驼背上的旅行者穿过无尽的沙丘，就如同一条小船航行在波涛汹涌的大海中。这是世界上最大的非极地荒漠，地理标志非常少，勘探队队长就像航海家一样，依靠六分仪和恒星在 A 点（一个有足够的水维持生存的地方）和 B 点（下一个有足够的水维持生存的地方）之间的无人区导航。

梅迪纳只配备了岩锤和放大镜这些当时最简陋的野外工具。他专门研究西撒哈拉古河床里坚硬的黑色岩石，仔细考察着这种岩石的地质史，而这种岩石的地质史像书本中的各个章节一样就蕴含在自身之中。这些岩石所讲述的一个故事是，西撒哈拉曾经是一片广袤的海洋，而那片古老海床留下的沉积岩构造与邻国摩洛哥自20世纪20年代以来一直密集开采的一个富磷矿床有着惊人的相似之处。

佛朗哥派遣了一大队科学家去寻找撒哈拉磷矿床的核心地带。据说，20世纪60年代初，人们终于在一棵孤零零的树下发现了这一矿床，这里的荒漠没有任何明显的地表特征，游牧民族把它当作陆地指向标。地质学家们确定了矿床的范围和性质，通过计算得知，他们发现的是地球上储量最大、品位最高的一座磷矿。

到20世纪70年代初，就在巴纳巴岛的磷矿几乎被开采殆尽的时候，西班牙投资了约4亿美元在这个极为偏僻的地方开发一座矿场，邀请了一家德国公司设计了一条世界上最长的传送带，将矿石从沙漠中运送到北非海岸一个专用码头的货船上。1972年，第一批磷矿石轰隆隆地从传送带上翻滚而下，之后被运往日本。几年之内，该矿雇用的工人数量就达到了约2 600人[100]。

西班牙认为，该矿对其本国和当地撒拉威人的经济而言都是一个福音。而撒拉威人将其视为彻头彻尾的抢劫，并开始对传送带发动军事攻击。佛朗哥本人已经没有斗志了。通过谈判，西班牙于1975年退出了西撒哈拉，结果摩洛哥控制了矿区核心地带及其周边区域，其实摩洛哥对该领土没有国际公认的主权。

半个世纪后，联合国仍然没有将西撒哈拉列为独立国家，也没有正式承认摩洛哥对这片土地的权利主张。相反，它将西撒哈拉描述为“非殖民化进程中的非自治领土”[101]。

不可否认，这是一个漫长而血腥的过程。

摩洛哥国王哈桑二世（King Hassan Ⅱ）派遣35万名臣民挥舞深红色的摩洛哥国旗、手持《古兰经》(*Koran*)，高举国王的画像跨过边境[102]。这一举动加速了西班牙1975年从西撒哈拉的撤离。至于西班牙撤离之后谁来控制这一地区一直存在着争议。摩洛哥国王声称，他只是在修补因19世纪西班牙占领这一地区所造成的文化断裂，他的政府声称这一地区“自古以来”就是摩洛哥的一部分[103]。

国王派往西撒哈拉的大多数摩洛哥公民在到达那里后都掉头直接回家了。但是，在向南行进的过程中，曾在侧翼掩护的数千名士兵并没有这样做，他们对撒拉威抵抗力量展开了一场血腥屠杀。这是一场你可能从未听说过的，至少现在还没有听说过的最漫长、最一边倒的战争中的一场。

从一开始，这就是一场不公平的战争。入侵西撒哈拉时，摩洛哥有2 000万人口，而撒拉威人只有5万～10万，其中大约一半人（主要是妇女、儿童和行动不便的老人）逃往邻国阿尔及利亚的临时帐篷区。

对于摩洛哥和被派往西撒哈拉的数万名士兵来说，这场战斗不仅仅是为了争夺它宣示主权的土地，也不仅仅是为了磷矿可能带来的潜在收益。这是一项商业行动——摩洛哥自己拥有巨大的磷储量和矿山，20世纪70年代便对世界磷矿市场产生了巨大影响，它就像欧佩克一样拥有磷矿石在全球市场的定价权。如果有了西撒哈拉这个竞争对手，它的定价权就会受到威胁。

加拿大一家报纸在1976年就曾报道说：“单就所有权而言，摩洛哥占领西撒哈拉磷矿并没有那么重要，重要的是哈桑国王可以借此将磷矿价格维持在高位。他现在控制了全球磷酸盐贸易的大约80%。”[104]

事件之初就开始报道的几位记者将这场冲突称为“沙漠战争”。这场战争时断时续地持续了15年，最终在联合国斡旋下于1991年停火。（20世纪60年代摩洛哥和阿尔及利亚之间的一场冲突也经常被称为沙漠战争。）如今，一条1 700英里长、10英尺高的沙石墙将西撒哈拉一分为二，沿线的游击战愈演愈烈，脆弱的和平正在分崩离析。摩洛哥建造的隔离墙靠近大西洋一侧，仍然被摩洛哥称为“南方诸省”，而撒拉威人则依旧称之为“被盗走的家园”。矿区和大西洋沿岸肥沃的渔场也使当地成为西撒哈拉最有经济价值的地区。

摩洛哥的哨所有着火炮的加持和数百万地雷的护卫，士兵们离开哨所对这条护道进行巡逻，如今这条护道是地球上最长的军事活跃区。

20 世纪 80 年代以来，这些火力部署在一定程度上保证了矿场的持续运营，西撒哈拉的财富也被分散到世界各地。用撒哈拉的磷矿石制成的肥料长期以来用于提高美国大豆作物的产量；在印度泥泞的木豆、小麦和谷子地里，拖拉机一边翻耕一边撒上这种肥料；欧洲的大麦、土豆、水稻和黑麦等作物都用这种肥料作养料；墨西哥的玉米秆因用了这种肥料长得像树一样高。

但是近年来，支持撒拉威人的人权团体迫使欧洲和北美的化肥公司停止从摩洛哥购买磷。即便如此，他们的抵制对结束撒拉威人的流亡生活并无丝毫帮助，战争的谣言开始在帐篷营地蔓延。

在西撒哈拉矿区开采的头 50 年中，暴力事件从未引起过非洲以外的人们的关注。但是，今天搅动这片沙漠的动乱值得世界关注。它是一个窗口，让我们看到文明在未来半个世纪所要面临的种种挑战，因为各国都意识到利比希最低因子律会带来全球范围内的恐慌。

厩肥每天都在生产，鸟粪储量也可以在几年或几十年内得到补充，而维持世界现代农业体系的磷矿储量却无法在人类可见的时间尺度内再生。这最终可能会给地球上的所有人带来麻烦，要么涉及钱袋子，要么涉及肚子。

西撒哈拉的沉积磷岩矿床和其他矿床一样，都是死亡生物体被冲刷到古老而长期干涸的海床上形成的。地质学家指出，所有这些生物遗骸需要历经数百万年的时间在海底堆积，才能形成富含磷的沉积岩，然后这些岩矿通过地质隆起回到陆地。这意味着，一旦人类耗尽了现有的磷矿储量，就不能再指望会有用之不竭且易于获取的资源奇迹般地出现。这一现实长期以来一直让包括美国总统在内的世界上位高权重的政客们感到惶恐不安。

时任美国总统注意到佛罗里达州对美国的基础磷矿供应正迅速减少，而从这个阳光之州向欧洲的出口却在增加。他说，“磷不仅能提高农业产量，保护土壤效力，而且还有利于国民身体健康，维护国家经济安全，其重要性毋庸置疑。因此，为了今世与子孙后代的利益，制定一项生产和保护磷酸盐的国家政策势在必行”。

总统发出警告之时，正值美国的玉米和小麦、大豆和蔬菜等作物都达到肥料需求的峰值——此时是1938年5月。

富兰克林·罗斯福（Franklin Roosevelt）发出告诫时，地球上的人口只有大约20亿，绿色革命尚未萌芽。也就是说，这一告诫是在20世纪末水稻、小麦和玉米等基本作物的产量出现爆炸性增长之前发出的。这场加速了整个地球新陈代谢的革命起源于20世纪50年代，是由高产种子品种、现代灌溉系统，以及大量使用磷和氮两种基肥料三种因素共同促成的。

根据联合国的估计，绿色革命开始之时，世界上超过一半的人口正处于饥饿的威胁之中。这场革命不仅拯救了第三世界无数人的生命，而且使全球人口从1970年到今天几乎翻了一番。

根据利比希的最低因子律，消除了氮的限制意味着磷的供应必须跟上。多亏了采矿业的发展，化肥产量在1950—2000年增加了6倍[105]。然而，我们所走的道路意味着磷的开采速度必须不断增加，也就是说，在未来不到30年的时间里，将新增20亿张嘴等着饭吃。而现在，全球各个国家的饮食都在向肉食为主的方向发展，这就要求增加谷物的种植面积。一些农业专家预测，到2050年，地球的作物产量必须再翻一番[106]。这不是一件容易的事。

到 2019 年，世界各地的磷矿——美国、阿尔及利亚、澳大利亚、巴西、中国、埃及、芬兰、以色列、约旦、哈萨克斯坦、墨西哥、秘鲁、俄罗斯、沙特阿拉伯、塞内加尔、南非、叙利亚、多哥、越南、摩洛哥和西撒哈拉（以及其他国家的一些小矿），每年总共从地球上开采约 2.5 亿吨的磷矿石[107]。

这是地球最终无法承受的一个开采速度。人们预测，易采磷矿储量耗尽时间大约在几十年到几百年之间，绝对不可能超过几百年。但问题还不仅仅是磷矿完全耗尽的问题。一些磷专家说，在地球达到其“磷峰值”后，需求开始超过供应，伴随着矿床减少、矿石质量下降、采掘成本上升，麻烦就会接踵而至。随着全球磷储量的消失，人类也会绝迹。著名作家阿西莫夫（Asimov）在摩洛哥入侵西撒哈拉的前一年宣称：“磷耗尽之前生命可以繁衍，之后就会出现停滞，而且势不可挡。”今天的美国尤其脆弱。一些磷专家说，在 21 世纪末之前，甚至到不了 21 世纪末，美国国内就可能会无矿可采了。乍看起来，3 亿人的能源安全问题似乎并不难解决，至少比粮食安全问题容易解决。

佛罗里达州工业和磷酸盐研究所（Florida Industrial and Phosphate Research Institute）信息项目主任加里·阿尔巴雷利（Gary Albarelli）曾告诉我，“磷比石油重要得多”。

在美国，食物相对便宜，饥饿问题基本上不存在，即使对许多政府认定的所谓穷人来说也是如此。美国那 20% 处于极端贫困的人口用于食物的花费仍然只占其收入的大约 16%。这样既做到了食可果腹，还可以节省出一些费用购买其他物品。但是，在越南、尼日利亚和印度尼西亚等地，情况则有所不同，食品消费要占到其家庭收入的 3/4[108]。

在有些地方，食品支出吞噬了一个家庭的所有预算，甚至可能还不够；尽管有绿色革命，但估计每年依然有300万～400万5岁以下的儿童死于营养不良。2008年4月，世界银行（World Bank）行长罗伯特·佐利克（Robert Zoellick）就曾警告说，生活在这些地方的儿童在与饥饿作斗争中“没有胜算机会”[109]。仅仅一周后，1万名孟加拉国人涌上街头，抗议工资跟不上大米价格飙升的速度。警察动用催泪弹驱散了袭击行政机构、纺织厂和公共运输系统的人群。

事实上，2008年食品供应引发的骚乱在全球范围肆虐蔓延，当时玉米、小麦和大米的价格在短短12个月内几乎翻了一番。饥饿引发的动荡席卷了埃及、喀麦隆、印度尼西亚和海地。在海地因粮食问题引发的抗议中，总统府遭到冲击，造成5人丧生。美联社（Associated Press）报道说：“几个月来，海地人把饥饿造成胃里的灼烧感形容成‘喝了高乐氏（Clorox）漂白水’。饥饿难耐的人们甚至开始用泥土、植物油和盐制成的饼干这种老办法充饥。”

有人将2008年食品价格以及磷肥成本的飙升归咎于印度等快速发展的国家对肉类需求的激增。风暴造成农作物减产、油价飙升、用于补充美国和其他富裕国家汽油供应的谷物乙醇使用量激增，也都是诱发因素。

大多数西方人饮食无虞，自然不会去关注世界另一端发生的这些骚乱。然而，这些骚乱确确实实发生在同一个地球上，这个旋转不息的地球承载的人口将很快达到90亿。

如果把地球想象成一个在太空中漂流的救生筏——也应该这样想——地球上任何地方出现营养缺乏，都应该引起其他人的关注。

毕竟，救生筏上只要有一个人在忍饥挨饿，那这支救生筏上的所有人就都不安全。

波士顿的亿万富翁投资人杰里米·格兰瑟姆（Jeremy Grantham）

靠预测未来可能发生的灾难赚了很多钱。他曾成功预言了 1989 年日本的股市暴涨、2000 年的互联网泡沫和 2008 年的房地产崩盘。但是，这些金融危机都无法与他预测的未来几十年可能发生的混乱相提并论，因为世界不得不接受磷储备不断减少的现实。

格兰瑟姆说："这些肥料耗尽后会发生什么，我无法得到令人满意的答案，相信我，我已经尝试过了。结论似乎只有一个：在未来 20～40 年内必须大幅减少用量，否则我们都会有挨饿的风险。"[110]

格兰瑟姆的郑重警告不是写在给投资者的年度简报中，也不是刊发在诸如《金融时报》(*Financial Times*) 这样的商业出版物上，而是发表在科学杂志《自然》(*Nature*) 上。这个杂志曾经发表过爱因斯坦的相对论、DNA 先驱沃森 (Watson) 和克里克 (Crick) 著名的双螺旋结构，世界上第一只克隆哺乳动物多莉 (Dolly) 面世的消息也是首次在这个杂志上发布的。尽管格兰瑟姆的警告显然引起了这家著名科学杂志编辑们的注意，但却没有得到金融界和采矿业的回应。

亚当·斯密研究所 (Adam Smith Institute) 属于保守派，其研究员蒂姆·沃斯托 (Tim Worstall) 对格兰瑟姆进行了回击，言辞风趣，措辞缜密，有种自命不凡的气势。

沃斯托的反击发表在《福布斯》杂志 (*Forbes Magazine*) 上，他借用了采矿业技术的两个术语，分别是储量与资源。储量是指在现有技术和经济的限制下，能确定地理位置且可以开采的矿藏；而资源是对整个地球上已知存在物质总量的估计。如果一家采矿公司或政府承担了寻找和确定新矿藏的费用，资源就可以成为储量。

"如果说派遣举止怪异披头散发的地质学家带着小锤子翻山越岭去钻探取样，成本是非常高的，你应该不会感到吃惊。所以，只有是未来几十年我们需要挖掘出来的东西，我们才会去探明储量。因此，矿石储量在任何时候都只够使用几十年。"[111]

换句话说，沃斯托认为，地球上的磷储量看起来低到了危险水平，其实是因为目前探明的磷储量还足够未来几代人使用。这番话听起来有些匪夷所思。

“格兰瑟姆可能确实知道如何赚钱，”沃斯托说。“但我真的建议，下次他想谈论矿产储量和可开采资源时，先查一查技术词典。因为这只是他犯下的一个可怕又幼稚的错误。”

哥伦比亚大学（Columbia University）农业与食品安全中心（Agriculture and Food Security Center）主任佩德罗·桑切斯（Pedro Sanchez）也认为，有关地球上磷矿储量即将耗尽的担忧有些杞人忧天。他说，“在我多年的职业生涯中，每隔10年人们就会说磷矿资源将会枯竭[112]。每次都被证伪。所有最可靠的估计都表明，我们磷矿资源非常丰富，可以再维持300～400年。”桑切斯继续解释说，技术在不断发展，磷的开采会更加高效。他还相信，海底有巨大的潜在储量，总有一天会进入我们的农田。

但是，在关于磷的稀缺性的反复讨论中，都忽略了这样一个现实：不是说地球上的磷矿耗尽了整个地球上的生命才会遭受侵害。

各国的磷矿储量并不均衡，更不用说各大洲之间了。我们知道，磷矿储量大部分位于摩洛哥和西撒哈拉的边界内，这两个地区的磷储量占世界总储量的70%～80%。这是全球基础资源的一种过度集中，格兰瑟姆称之为“经济史上最重要的准垄断”。

例如，美国大约还有10亿吨的磷矿储量，而美国每年开采量就高达约2 500万吨。一方面大费周章去探查更多磷储量，另一方面却又肆无忌惮地开采佛罗里达州的磷矿，两相折抵，无异于徒劳一场。这样一来，这个世界上最富有的国家在三四十年后也会面对磷储量耗尽的风险。到那时，这个国家的粮食供应就可能要依赖其他国家了。虽然阿尔及利亚、澳大利亚、巴西、埃及、约旦、哈萨克斯坦、秘鲁、俄罗斯和突尼斯等国都在争先恐后地开发本国并不大的磷储量，但摩洛哥很有可能注定在某个时候会成为世界上主要的磷供应国。而且，这可能还不是一个国家，可能只是一个家庭，甚至可能只是一个人在控制这种生命必需的元素。

摩洛哥磷矿公司（包括位于西撒哈拉的那家磷矿公司）的股份主要由政府持有，而政府本身则由摩洛哥国王穆罕默德六世（Mohammed VI）（人称 M6）掌控。

如果对谁是世界上最大磷储量的掌管人有任何疑问，那么当你翻开政府经营的磷肥公司最新一份年报的第一页时[113]，这种疑问就会烟消云散，这家公司正是摩洛哥最大的经济企业之一。这页上是一幅 M6 的肖像，标题是："穆罕默德六世陛下，愿真主赐予他荣耀"。在 M6 的统治下，如果你讲伊斯兰教的坏话，讲国王的坏话，或者搞同性恋，你就会被关进监狱。

格兰瑟姆在 2018 年宣称，"这里的磷储量让欧佩克（OPEC）和沙特阿拉伯相形见绌，磷酸盐可比石油重要得多"。不久之后就有消息传出，两名斯堪的纳维亚女性徒步旅行者在摩洛哥度假时遭伊斯兰极端分子斩首。

格兰瑟姆说："如果没有摩洛哥的储量，在目前的农业结构下，我们根本无法维持很长时间[114]，也许只能有 35～40 年。"

在 1975 年摩洛哥入侵西撒哈拉期间，为躲避坦克和机枪炮火而寻求庇护的撒拉威难民中，有纳吉拉·穆罕默德拉明（Najla Mohamedlamin）的祖母和母亲。在家人冲向边境阿尔及利亚一侧的帐篷营地安全区时，纳吉拉的母亲只有 6 岁。现在纳吉拉已经 30 出头了。纳吉拉的母亲和兄弟姐妹被告知，他们必须在这个临时搭建的营地里待上几个星期，也许一两个月，等紧张局势平息后，他们才能回家。后来4个月变成了4年，再后来4年又变成了40年。

现如今，这个家庭仍然住在营帐里，仍然睡在一个橄榄色的帆布帐篷里，仍然靠联合国世界粮食计划署（United Nations World Food Program）援助人员送来的50公斤大米度日，这个家庭的厕所仍旧是地上的一个窟窿，他们的饮用水依然是装在罐子里送过来的。

现在估计有125 000名撒拉威人以这种方式生活在阿尔及利亚境内的一片营地中。一代又一代的撒拉威人在帐篷营地里长大，也在帐篷营地里老去。他们所谓的经济要依赖国际援助，而在西边不到一天车程的地方，摩洛哥经营的西撒哈拉磷矿昼夜不停地运转着，每年的营业额超过2.5亿美元。至少在人权活动人士开始抵制运动之前是这样。

纳吉拉8岁时，她认为整个地球都是沙漠，每个人都生活在一个打翻水杯就会招来一顿责骂的世界里。后来，一个人道主义组织将她带到西班牙参加夏令营。她向我描述了她第一次在帐篷营地以外的地方生活时的情形："哦，我的天哪！当我第一次看到一个游泳池时，我只是在想：'这真的是水吗？'水对我们来说可是非常非常珍贵的东西。浪费水的话，你就会惹上大麻烦。后来竟然还看到人们站在这么一大池子水里嬉戏。"

还有电视和汽车、购物中心和食物，特别是绿皮多汁的西瓜，里面几乎是霓虹般的粉红色。"你会暗自想，"纳吉拉说，"'这一切都真的存在吗？'也就是从那时起，我开始意识到这里有问题。"

纳吉拉回到她的帐篷后，就下定决心接受教育，首先是在旁边营地的一所小学校，然后就到奥地利（Austria）和西班牙开始了长期学习。2016年，她已经进入华盛顿州西部的一所社区大学，2018年她获得了副学士学位。

她毕业后的目标是回家，不仅仅是回到帐篷营地，她希望有一天能回到近 50 年前被摩洛哥占领的那片土地。

她说，尽管摩洛哥长期以来一直声称其占领西撒哈拉的目的是把相关民族团结起来，但实际上，磷矿和沿海捕鱼权才是摩洛哥入侵西撒哈拉的真正目的。“如果这仅仅是一片只有游牧民族的沙漠，没有其他东西，谁会想要它呢？”纳吉拉说。“我们的罪过是这块土地磷酸盐储量太丰富了。”

近年来，由于人权活动人士向一些国家和公司施压，要求他们停止购买有“国王的不义之财”之称的磷，地缘政治的压力已经转向了摩洛哥。这场运动的影响开始显现。据报道，2012 年，价值超过 3 亿美元的西撒哈拉磷矿石被销往全球各地，此后客户开始锐减。到 2018 年，西方世界所剩无几的买家，也许唯一的买家是新西兰。

纳吉拉 2018 年在新西兰媒体《斯塔夫》（*Stuff*）上发表了一封公开信[115]，信中写道：“是我们国家的财富让你们的土地变绿了，营养不良的难民每次收到联合国捐赠的物品时，都会想到你们。我们希望你们能站在我们的角度想一想。要知道，摩洛哥靠着把我们国家的财富运到遥远的港口才富裕起来的。是我们的贫穷成就了摩洛哥的富有。”

这场“血色磷酸盐”（Blood Phosphate）运动的目的是向摩洛哥施压，要求其撤出西撒哈拉，并将矿场交还给撒拉威人，给他们返回祖辈生活之地的自由，也给他们一个经济起点。

不论摩洛哥是否已经征服了撒拉威人，都促使我们从正反两个方面一窥磷原子在这个日益局促拥挤的地球上所具有的威力。磷可以跨越政治鸿沟将各国团结在一起，也可以把它们分割开来，无论这鸿沟是地图上窄窄的一条线，还是像西撒哈拉护道那样坚不可摧或是像大海那样广袤无边的物理屏障。

纳吉拉并不乐观。

2018 年，在返回阿尔及利亚营地之前她告诉我，“我非常担心，担心也许到头来还是要靠战争来解决”。

2021 年，武装的撒拉威人恢复了对矿山护道的突袭。

第二部分

磷的代价

第 5 章

肮脏的肥皂

1956 年 3 月一个寒冷的清晨，20 岁的查尔斯·弗罗施（Charles Frosch）抄近路回家时，从一堵石墙上摔了下来，一头扎进了威斯康星州里兹堡市中心泛着泡沫的巴拉布河里。一位朋友试图抛给他一条绳子，但弗罗施穿着笨重的厚外套，没能抓到绳子，之后又滑入河中。数十名救援人员赶来，在河道中搜寻，先是靠眼睛寻找，然后用抓取尸体的索斗铲打捞，结果令人心碎。

很快，该地区消防和警察部门的几十名搜救人员也来到了现场。数以百计的围观者沿着岸边站着，双手插在大衣口袋里，等着男孩的尸体浮出水面。搜救弗罗施的工作不仅受到阵阵的狂风、冷彻骨髓的低温和浮冰的阻碍，而且还受到泡沫的影响。是肥皂泡沫。肥皂泡沫太多了，淹没了河道两岸。

消防员用高压水枪都未能吹走泡沫。工作人员驾驶着二战时期留下的鸭式两栖运输车试图推走肥皂泡沫，结果一切都是徒劳，即使是用雷管炸也没能奏效。美国空军（US Air Force）最终向河边派出了直升机，当时的想法是飞行员可以将叶片倾斜，把泡沫扇走，但河水不断冒出汩汩的气泡，速度比吹走泡沫的速度还快。

在男孩失踪后的几天里，人们找到的唯一线索是他的冬帽。

大约两个月后，里兹堡警察局长终于在水下的一堆瓦砾中找到了男孩的遗体，距离弗罗施滑入河水的地方只有几码远。当时的新闻报道特别提到，4 月 22 日将在里兹堡的一家停尸房为这个男孩念玫瑰经，第二天将在附近的圣心天主教堂举行葬礼。

奇怪的是，没有任何媒体报道指出气泡的来源，也没有任何报道指出起泡的河流有什么不同寻常。这毕竟是 20 世纪 50 年代中期，是洗衣机洗涤剂刚刚开始普遍使用的时候，在这个时代，白沫四溢的河流与湖泊几乎在一夜之间变成了再自然不过的事情。

但是，在 20 世纪 50 年代，超市货架上突然摆满了一盒盒强效合成肥皂并不是什么自然不过的事情。洗衣机搅来搅去洗衣服过程中冲走的脏水最终都排放到了河流、湖泊和海洋中。结果证明，是洗衣机使用的新型洗涤剂中有一种化学物质，导致河流、湖泊和海洋产生大量泡沫。

新型合成肥皂中还有一种关键元素，其副作用更为可怕。它不仅污染了水域，还使水域中的生命消失殆尽。它就是磷。

肥皂和洗涤剂这两个词如今经常互换使用，但这两种清洁剂在技术上的差距非常悬殊，有点类似于马拉的轻便马车和特斯拉（Tesla）汽车之间的差距。数千年来，肥皂一直是由动物脂肪与产生碱液的灰分混合制成的，产生的分子具有从皮肤、头发和衣服上清除油脂和污渍的特殊能力。

肥皂分子的神奇魔力在于它分子结构的一端具有亲水性，通过打破水分子之间的胶状键，破坏胶状键形成的水珠，因此能够使水“更湿润”。这样，肥皂水能够进入微小的裂缝、缝隙和接缝之中，其实，这些裂缝、缝隙和接缝都是一块布、一缕发丝或一片皮肤组成的看不见的三维世界。

肥皂分子的末端具有另一种清洁能力，即亲油性。肥皂分子能被微小的油污颗粒吸引，并迅速与它们结合在一起。因此，“更湿润”的肥皂水就可以使油脂和污垢漂浮起来，达到清洁的目的。然后，肥皂分子的嗜污端抑制悬浮的微粒，与此同时，肥皂分子的亲水端以同样的力度与周围的水分子相连。结果是，所有被洗刷掉的污垢、污渍和富含细菌的球体都漂浮在水中，因此它们还没来得及重新与被洗刷的材料结合就被冲走了。

几个世纪以来，肥皂都是在家里手工配制的，但到了19世纪中期，肥皂已经大规模工业化生产了。其中最大的一家制造商是总部设在辛辛那提的宝洁公司（Procter & Gamble）。美国内战期间，该公司通过将该市屠宰场的脂肪废料转制成蜡烛和肥皂而财运亨通。俄亥俄州南部的这座城市屠宰了大量的猪，当时被称为猪肉城，据说这里的河浜都被猪血染红了。士兵们需要子弹、靴子和毯子，他们也需要蜡烛来度过夜晚。他们还需要肥皂，需要的程度远超他们的想象。内战期间，每有一名士兵在战场上阵亡，就会有两名士兵死于疾病[116]。战争中，仅腹泻和痢疾就夺去了数万名士兵的生命，然而医学界还没弄明白微生物在造成和传播致命疾病方面的作用，也还没了解到肥皂对抗疾病的力量，战争就结束了。

内战结束几十年后，灯泡的出现可能沉重打击了宝洁公司的蜡烛制造业务，但仍有大把的钞票可以从不起眼的肥皂中赚取，也没有一家企业像宝洁公司那样利用了公众对清洁的渴望。

在19世纪，肥皂完全是以卖肉的模式销售，穿着围裙的商人按要求把肥皂切成厚厚的块状，用牛皮纸包裹起来，按磅收费。19世纪70年代，宝洁公司改变了这种状况，开始销售统一制式的预包装肥皂块。

更重要的是，这些包装纸上有了一个品牌名称“象牙牌”，很快这个品牌名称就被张贴在了全国各地的建筑物和广告牌上。

当时，大多数肥皂的质量都相差不多。象牙牌的与众不同之处在于，生产过程中，配方中加入了空气。这意味着一块肥皂如果掉进池塘、浴缸或满是浑浊污水的洗脸盆里，它会像软木塞一样漂浮起来。这一特性催生了宝洁公司最早一批标志性广告语——“它会浮起来”（It Floats）——但这不会是最后一条。宝洁公司巧妙地利用其品牌推广策略和高端清洁产品占据了市场的主导地位。这些产品给美国消费者带来了神奇体验，最终却给美国的水域带来了一场灾难。

象牙牌肥皂虽说很成功，但是，随着电动洗衣机进入美国各地的地下室，宝洁公司的肥皂业务在20世纪30年代还是陷入了困境。制造商声称，只需按下按钮，电动洗衣机就能免除一天烦琐的劳动。问题是，电动洗衣机的清洁效果远不如双手用力搓洗效果好，如果家庭用的是富含矿物质的硬水，洗涤效果就更差，因为硬水中的镁和钙会降低洗衣机的洗涤效果。

为了把握洗衣机盛极一时的机遇，宝洁公司试图开发一种专为洗衣机设计的高效合成清洁剂。公司总裁威廉·库珀·普罗克特（William Cooper Procter）在他的研究人员开始研究各种化学清洁配方时就曾提醒过[117]：“这也许会毁掉肥皂业务。但如果有人要毁掉肥皂业务，那这个人最好是宝洁公司。”

20世纪30年代，该公司第一个合成产品开始销售，但它的效力还不够强，没有达到目标。于是，公司的化学家们专注于利用一种化学助剂来强化其混合物，这种助剂本质上是通过在配方中添加一种软水剂来中和硬水中的矿物质[118]，以此来增强洗涤效果。这种助剂中的特殊元素是什么？是磷。或者，更确切地说，是三聚磷酸钠。

问题是，用这种含磷的合成洗涤剂洗过的衣服，从洗衣机里拿出来时干净度令人满意，但却又僵又硬，让人心烦。因此，负责宝洁公司所谓的“X项目”的化学家努力设计出一种配方，其中的助剂刚好能把衣服洗干净，但又不至于让衣服像饼干一样脆。他的研究进展甚微。后来他采用了不同的思路：这次他不是减少洗涤剂中混入磷的量，而是逆向思维，在配方中加入了过量的磷。与直觉相反的是，用这种配方洗过的衣服干净、柔软。

当时，宝洁公司的科学家们并不清楚为什么他们的富磷配方会如此有效，他们只知道它确实有效。如果有人考虑过将数百万磅磷基和石油基的洗涤剂推到美国杂货店的货架上，然后将其冲进地下室的排水沟和全国各地水域所带来的潜在危害，那一定不是宝洁的营销人员。自然，他们的工作重点是说服美国消费者，让他们相信公司又一次找到了像象牙牌肥皂那样的革命性产品。

宝洁公司的广告人员（当时做营销的几乎全是男性）知道，洗衣服的女士们（当时清洗衣服的任务主要由女性负责）喜欢看到洗衣液中的泡泡，泡泡越多越好。因此在宝洁公司决定将X项目推向市场后不久，发明者向公司广告部员工介绍这种产品的性能，解释为什么这种产品比普通肥皂要好得多。过程中他多次被打断，最后他实在是忍不住发了脾气。

但是，他们还是一直在问：那泡沫呢?

这位气急败坏的研究人员终于崩溃了。哦，他告诉他们，他发明的这种东西就能产生气泡。事实上，他说，一盒这样的洗涤剂就可以制造出“泡泡的海洋”[119]。于是另一条广告语诞生了。下一步是让公众迷上这种新的混合物。他们把它叫作Tide（中文译名“汰渍”）。

宝洁公司的营销人员并没有把注意力只放在报纸和广告牌这些传统广告渠道上，他们还购买了广电播放时间，先是电台，最后是电视，为目标受众讲述富有创意、新奇有趣的故事；他们的目标受众就是那些承受着繁重家务的妇女，她们每天都要和孩子们待在一起，心里还得想着其他事情。

那个时候，这些专门制作的电视剧在洗涤剂广告之间穿插播放，媒体评论家并没有把这些电视剧看作是电视节目或广播节目，而是将其称为肥皂剧。到 20 世纪 50 年代初，宝洁公司已经成为全美最大的广告商[120]，每年的营销费用大约有 4 500 万美元，其中大部分是用于公众中风靡一时的“肥皂剧”制作上。这一策略果然奏效了；1946 年汰渍投入市场。只用了 5 年时间，宝洁公司及其竞争对手每年售出的合成洗涤剂就达到了 10 亿磅[121]。全美国的衣服从洗衣机里拿出来时，比使用传统肥皂时更柔软、更洁白、更鲜亮。

但是，这种能把衣服洗干净的肮脏生意并没有就此消失。它只是亏欠了下游。

没过多久，科学家们就发现，20 世纪 50 年代开始困扰美国水体的气泡源头是洗衣机中的泡沫。问题是，汰渍及其竞争对手的清洁剂是基于一种石油衍生物，与它所取代的传统肥皂的分子不同，这种清洁剂不易被开阔水域中的天然微生物消化。

突然间，一团团的气泡从河里密集倾泻而出，导致了车祸[122]。伊利诺伊州罗克河上的一个气泡团几乎高出河岸有 5 层楼高[123]。这些气泡经久不破，而且散播面非常广，20 世纪 60 年代初，气泡通过污水处理系统进入溪水、河流和湖泊之中。这些水域又正是公共饮用水系统管道的取水区[124]，于是这些泡沫就穿过公共饮用水系统的管道汩汩流淌着重新回到了产生这些泡沫的家庭。当时的新闻报道说，自来水中的合成剂泡沫非常丰富，人们甚至可以不用洗涤剂而直接用水龙头里的水洗餐具。

汰渍的发明者承诺要制造出泡沫的海洋时可能带有嘲讽的意味，

但很快大西洋两岸的政要们都在指责洗涤剂制造商实际上已经把泡沫的海洋变成了泡沫的汪洋。

1962年，美国国会议员亨利·罗伊斯（Henry Reuss）前往欧洲旅行时，他几乎无法理解合成洗涤剂这么短的时间就给丹麦的北海带来了如此大的祸害。“在埃尔西诺（Elsinore）* 哈姆雷特王子（Prince Hamlet）面对他被谋杀的父亲鬼魂的地方，我似乎看到了鬼魂的外质或是一座巨大的冰山由北向南缓缓而来，”罗伊斯回来后在国会作证时说[125]。“依照海洋学的所有逻辑，那里不可能有冰山，毫无疑问，实际上也没有冰山。所谓的冰山是一座泡沫山，静静地漂浮在海面上。”

在这次旅行中，罗伊斯不仅仅是一个游客。这位哈佛法学院的毕业生曾在二战后作为马歇尔计划（Marshall Plan）的副总顾问帮助欧洲重建。他知道德国科学家已经成功研制出一种新型“软性”洗涤剂，不会产生如此经久不破的泡沫，他前往实验室亲自参观了这种新型“可生物降解”洗涤剂的生产。

罗伊斯很快提出立法，要求美国的洗涤剂制造商改用新配方，但洗涤剂行业已经投入了数不清的巨款让公众相信洗涤剂不能没有泡沫，他们辩称现在回头已经太晚了。

1962年，在明尼苏达大学（University of Minnesota）举行的一次关于泡沫难题的研讨会上，美国肥皂和洗涤剂协会（National Soap and Detergent Association）的一位发言人对一群环境卫生工程师说[126]：“愤怒的家庭主妇是最难对付的了，而且她们对洗涤行业有着巨大的影响。我们也许可以开发出一种完全没有泡沫的高效洗涤剂，但那没用。你根本无法想象能说服一个家庭主妇，让她相信洗衣服时可以没有泡沫。”

* 英国戏剧家威廉·莎士比亚的悲剧《哈姆雷特》的故事发生地就设在丹麦的埃尔西诺。——译者注

然而，到 1964 年德国已广泛采用的新配方仍然会产生大量的气泡。不同的是，它们一离开洗衣机就会破裂。“洗衣日奇迹”（washday miracle）让美国付出了惨重的环境代价，美国公众感到日渐惶恐不安。迫于压力，美国的洗涤剂制造商于 1965 年改用新配方，全国的泡沫问题几乎立即烟消云散了。

但合成洗涤剂给环境带来的浩劫并没有随着河流和湖泊中泡沫的消失而消失。事实证明，潜伏在所有白色泡沫之下的，是一个与洗涤剂有关的更为严重的问题——腐臭的绿藻在整个美国大陆暴发，绿藻在全国各地的湖泊和河流上生长得极其茂盛，到 20 世纪 60 年代中期，这些湖泊与河流中的生物均因绿藻而窒息死亡。

生态学家根据可滋养水生生物的数量，把湖泊划分为三类。

贫营养湖泊水质晶莹剔透，但是由于其中缺乏丰富的营养物质，浮游生物和鱼类数量相对较少。塔霍湖（Lake Tahoe）和苏必利尔湖就属于这种类型。

富营养湖泊是另一个极端。它们通常营养丰富、水温偏暖、水质浑浊，由于有大量的处于食物链底端的浮游生物，所以鱼类很多。

中营养湖泊的水质介于贫营养湖泊的清澈状态和富营养湖泊的浑浊状态之间。德国的康斯坦茨湖（Lake Constance）和玻利维亚的的喀喀湖（Lake Titicaca）即属于此类。

富营养湖泊一般不会持续很久。不断繁殖、不断死亡的植物和动物不停地在湖底堆积，最终挤压了鱼类和其他水生动物的生存空间。随着时间的推移，水体本身也遭受到挤压。终有一天，富营养湖不再像是湖泊了，倒更像沼泽或泥塘，最终，会完全消失在周边环境之中。

这是一个自然老化的过程，可能需要数万年或更长时间。但至少它是一个自然的过程。20 世纪人类开始排放工业化学品和未经处理的污水，导致藻类大量繁殖。

20世纪中期，从遭受这些由人类引发的藻类大量繁殖的影响程度来讲，恐怕没有哪个湖泊能与伊利湖相比。当时数千平方英里的湖泊被宣布为“死亡区”，因为污染引发的藻类在死亡和腐烂时消耗了水中大量的氧气，几乎没有任何生物能够幸存下来。

事态的发展糟糕透顶，当时的报纸专栏作家们为伊利湖写下了悼词[127]。1966年，宾夕法尼亚州的一位编辑写道：“它将永远在那里，供人们观赏，供船只航行，但它也许很快就将消亡，只剩下藻类和蠕蚓。”俄亥俄州的一位编辑也写道[128]：“你能想象伊利湖有多大吗？我们美国人和加拿大人联手把它变成了一片死海，对此，你能不感到惊讶吗？”

1971年，苏斯博士（Dr. Seuss）* 在《老雷斯的故事》（*The Lorax*）一书中坐实了伊利湖死湖的恶名。他在书中描写了一个受到严重污染的水生世界，鱼儿都被赶上了岸。苏斯写道：“它们会用鳍走路，疲惫不堪地寻找不那么污浊的一汪水。我听说伊利湖的情况也一样糟糕。”

当时的科学家、政客和商业领袖们面临的一个大问题是：究竟是什么类型的营养物污染导致了这种致命的藻类暴发？这是一个关键的问题，因为根据尤斯图斯·冯·利比希的最低因子律，如果你能分离出一种限制藻类生长的营养物质，那么从理论上讲，你也应该能够通过减少该营养物质的排放来控制藻华。

当时怀疑的对象包括氮、碳、钾和磷。所有这些元素都可以在大量流入湖泊中的废水中检测到，但当时的生物学家特别关注的是哪一

* 苏斯博士是西奥多尔·苏斯·盖泽尔（Theodor Seuss Geisel，1904—1991）的笔名，他是一位知名的儿童作家与插画家，其作品故事情节简单，人物鲜活有趣，内容具有教育意义和知识性，具有天马行空的想象力和丰富的韵律感，非常符合儿童的认知水平和语言能力的发展阶段，在美国拥有非常高的认可度。——译者注

个是罪魁祸首。水样显示，1942—1967 年，伊利湖中的溶解磷含量几乎增加了两倍[129]，这与伊利湖中藻类暴发的时间一致，甚至与整个北美水域中的藻类暴发时间都高度吻合。而这也恰恰是富磷合成洗涤剂涌入市场的时间。

到 20 世纪 60 年代末，美国每年生产约 40 亿磅的洗涤剂[130]。据卫生官员的推算，废水中多达 70% 的磷可以溯源[131]到美国和加拿大所有地下室里那些盒装的粉末洗涤剂。

当时，许多消费者认为，绿色稠浊的水是为清洁衣服付出的合理代价。但事实证明，这是一个错误的选择。洗涤剂中磷的主要功能是中和硬水中的矿物质，从而使主要的洗涤剂分子能够发挥作用。当时的一盒含磷洗涤剂实质上就是一盒水软化剂。宝洁公司的汰渍有近 50% 的重量是磷酸盐[132]；高露洁棕榄公司（Colgate-Palmolive）的滴洁（Axion）超过 63% 是磷酸盐；宝洁公司的 Biz 几乎达到 74%。但到了 20 世纪 60 年代，在美国最大的 100 个城市中，超过 1/3 的居民已经用上了软水。这意味着磷作为上千万美国人所用的洗涤剂中的清洁助剂基本上毫无用处。

然而，当洗涤剂制造商被要求至少标注其产品的磷含量，以便有责任感的消费者可以选择低磷替代品时，制造商却辩称，这种做法会适得其反。他们的观点是，肥皂剧的宣传效果太好了。

一位洗涤剂行业的发言人在国会听证会上作证说[133]：“根据我们的调查结果和我们能够获得的一些信息，我们完全相信，普通家庭主妇会**自觉不自觉地***将高［磷］含量等同于更好的清洁效果。”

这一次，又是亨利·罗伊斯议员力主该行业要寻找一种替代品，以取代这种贻害无穷的清洁成分，但这次洗涤剂行业并不打算让步。

---

* 着重号为作者所加。——译者注

它有足够的资金和资源（宝洁公司是当时最大的电视广告商）来发起一场公关运动，力陈现代社会绝对离不开含磷洗涤剂。

美国众议院保护和自然资源小组委员会在1970年的一份报告中写道，“肥皂和洗涤剂协会展示的画面确实触目惊心。如果［洗涤剂］行业的立场没错，那么美国现在面临的不仅仅是要干净衬衫还是要干净水的两难选择，而是是否有必要保留洗涤剂中的磷作为美国健康与疾病之间的屏障。对于这样一种非凡的化学物质来说，富营养化的湖泊可能只是一个小小的代价”。[134]

这一论点在一些本应监督洗涤剂行业的政府监管机构中很有影响力。一位联邦官员甚至提出了一项计划，通过升级美国的污水处理厂，在含磷洗涤剂被排入河流和湖泊之前去除其中的磷。这样的话，含磷洗涤剂可以继续在全国的商店货架上销售。以今天的美元计算，这项拟议的全国污水处理升级成本估计约为2 600亿美元。

国会议员罗伊斯在1969年的国会听证会上指出了该计划的不切实际之处。

罗伊斯向支持对行业有利的计划的内政部部长助理发出质询：“整体而言，污水处理厂出现的磷酸盐主要有家庭洗涤剂和人类排泄物两个来源，对吗？”

“是的，先生，”这位部长助理回答。

“而家用洗涤剂是由3个主要制造商生产的？”罗伊斯追问道。

“没错。”

“而人类排泄物是由几亿个制造商制造的，是这样吗？”罗伊斯问道。

“是的，先生。”

罗伊斯接着说，“那好，你有没有想过，做3个人的工作会比做几亿人的工作更容易？”[135]

与此同时，洗涤剂行业认为，“没有证据”[136]表明洗涤剂中的磷与美国水域从波托马克河（Potomac River）到伊利湖到西北部太平洋沿岸的华盛顿湖（Lake Washington）以及中间的众多湖泊和河流中的藻类暴发之间存在任何关系。

科学可以提供证据，而且绝对超出你的想象。

20 世纪 50 年代，十几岁的戴维·申德勒（David Schindler）如果不在明尼苏达州西部的家庭农场干活，也不在他附近的仓库里帮祖父搬运 100 磅重的土豆麻包，就会骑着单速自行车在附近转悠，和他迷恋的对象度过一个又一个下午。这些对象中有萨莉（Sallie）、毛德（Maud）、尤尼斯（Eunice）、梅利萨（Melissa）和莉齐（Lizzie）。它们既非同学，也非教友，而是申德勒家附近的一群姐妹湖，位于法戈（Fargo）东南约 30 英里处。

申德勒没有具体描述，但那时，这些湖泊很可能属于中营养型，既不是水很浅、水温适宜、长满藻类的富营养型，也不是水温低、水很深、没什么鱼的低营养型。它们属于中营养型，是中间类型。在申德勒的记忆里，这些湖都是完美无瑕的。特别是两英里宽、树木环绕的莉齐湖更是让人着迷。

住在莉齐湖边一个满脸皱纹的挪威裔农民有一项副业，就是以 5 美分的价格向像申德勒这样的年轻垂钓者出租小船。“这些都是木条船，而且会渗水，特别是在春天木头还没膨胀起来的时候，”申德勒告诉我。“你可以划船到湖里，独自坐在船上，几个小时就可以捕获很多大眼鰤鲈，满载而归。”

但是，农民开始以每英尺海岸线 20 美分的低价出售湖滨地块，一批乡舍小屋也很快建了起来。自此，姐妹湖开始快速老化。和这些避暑乡舍小屋同时出现的，还有储粪罐，用来储存附近所有的人类排泄物。这些罐子没有起到应有的作用。申德勒说，有些人甚至大言不惭地说，他们只是用几个旧桶或生锈的汽车车身作为储粪罐。申德勒说，“当时，对这些系统的监管一点儿不到位。”

仅仅几年后，藻类大量繁殖开始污染湖泊，但当十几岁的申德勒前往明尼苏达大学学习时，他并不明白在这片土地上发生的事情与他年轻时还自然天成的湖泊为何突然开始变得浑浊不堪之间有什么联系。

申德勒在前往双子城（Twin Cities）* 时并不打算再回到这个地方了，他打算从事工程或物理学方面的工作，但他很快发现自己在城市校园里并不舒心。他说，“我觉得自己被困住了，我不能骑着单速自行车出城四处转悠了，很不开心。”

在拜访一个高中朋友时，他的职业轨迹发生了戏剧性转变。这个高中朋友在现在的北达科他州立大学（North Dakota State University）学习，申德勒当时称之为“哞大”（Moo-U）**。当时大二的申德勒正在放寒假，他在走廊上等他朋友下课，闲得无聊，便和一位教授攀谈起来，这位教授提到他刚刚收到一种叫量热仪的新设备，这是一种极其敏感的设备，用于追踪热能（能量）在生物体之间流动的过程。

申德勒说，他在明尼苏达大学上学时也做过量热方面的工作，教授问他是否能帮助他做一些实验，第二年夏天，申德勒在这位北达科他州教授的实验室里找到了一份工作，煞费苦心地测量生物体之间超低水平的热交换。

每次用量热仪测量时需要等很长时间，申德勒利用这段时间如饥似渴地阅读了教授书架上的书籍，其中包括牛津大学著名科学家查尔斯·埃尔顿（Charles Elton）的《动植物入侵生态学》（*The Ecology of*

---

* 指美国明尼苏达州最大的城市明尼阿波利斯市和州首府圣保罗市，两市因仅隔密西西比河相望而被统称为双子城。——译者注

** 美国作家简·斯迈利（Jane Smiley）2009 年出版的作品《Moo》以辛辣、诙谐、幽默的手法描写了发生在美国一所大学（Moo University）的种种故事，这部作品中所描写的大学设在美国中西部，而北达科他州立大学恰巧也位于美国中西部，所以申德勒会戏称之为“哞大”。——译者注

Invasions by Plants and Animals），他就像在莉齐湖上钓到的那些大眼鰤鲈一样，深深地被这本书所吸引。这本书让他产生了一个念头：转学到北达科他州，从物理学专业转到动物学专业，然后踏入生态学这一新兴领域。

申德勒在新的大学里、在课堂上和在实验室操作量热仪的工作收获很大。作为野牛队重达 195 磅的防守前锋，他在美式足球场上也有出色表现。到大四开始时，申德勒在大学生涯的方方面面都非常出色，他协助工作的那位教授建议他申请耶鲁或是杜克的研究生院继续深造。申德勒有着更大的雄心。他想赢得罗德奖学金（Rhodes Scholarship）*，去牛津大学师从著名的查尔斯·埃尔顿本人。

申德勒知道这对他或任何人来说都是一件没有把握的事。但这是他能继续接受教育的唯一途径。当时他一贫如洗，1961 年底他和其他竞争罗德奖学金的同学一同乘火车去俄勒冈州波特兰参加面试，路上他连吃饭的钱都没有。谈到那趟火车之旅时，他说，“听着别人背诵莎士比亚，都很开心。而我坐在那里，饥饿难耐，心里苦不堪言。”

面试的那天早上，申德勒非常紧张，他用仅剩的一块钱买了一个汉堡包，大口大口地吞了下去，然后推开面试间的门，开始自我介绍。当奖学金委员会向他提出一连串意想不到的问题时[137]，他的胃部痉挛愈发严重起来，其中有一个问题实际上与莎士比亚有关，是关于奥赛罗（Othello）和阴险的伊阿古（Iago）之间的关系。

他记不得自己到底是怎么回答的，但他确实都回答了。然后是一连串关于艺术史和艺术理论的问题。房间里的每个人都很快明白了，

---

* 罗德奖学金创立于 1903 年，是世界上历史最悠久、最负盛名的国际奖学金项目之一，旨在资助世界青年精英赴牛津大学深造。——译者注

申德勒根本不知道他在说什么。一位面试官最后脱口而出“你想去牛津学习艺术？那么你怎么会对艺术知之甚少呢？”

这时申德勒感到的与其说是尴尬，不如说是困惑。突然，他想起自己在罗德奖学金申请书中写的是去牛津大学学习湖沼学（limnology）。他告诉我，“他们都是优秀的学者，对拉丁语词汇很熟悉。他们都认为我的兴趣是在艺术方面，因为limnology（湖沼学）的词根‘limn’的意思是画画或素描。然后一切就都明白了。”

他很礼貌地解释说，他希望去牛津大学攻读的这个学科limnology的词根，实际上源自希腊语。“我解释说湖沼学研究的是淡水，”他回忆说。“然后他们就坐在那里，听我讲了20分钟。”

1961年圣诞节前夕，申德勒和另外31名美国大学生一起获得了罗德奖学金，这一消息登上了《明尼阿波利斯明星论坛报》（*Minneapolis Star Tribune*）本地新闻版面的头版。第二年夏天，申德勒变卖了自己的资产——钓鱼竿、猎枪和一台大排量的舷外马达——购买了一张前往英国的单程票。这个明尼苏达州的农家子弟将要去的目的地是查尔斯·埃尔顿的牛津实验室。

4年后，申德勒带着生态学博士学位回到了北美，想在实验室围墙以外寻找一份工作。他发现实验室对他的户外生活方式和他想进行的实验类型来说都太局限了。

在牛津大学期间，申德勒慢慢相信，要理解能量在湖泊中的流动方式[138]，关键不是通过实验室设备或在黑板上演算“花哨”的数学模型。他认为湖泊本身就是潜在的实验室，整个生态系统实验都可以在那里进行。在一个生态良好的湖泊中加入各种污染物，然后坐下来观察会发生什么，这种想法本身自然就有问题。很难想象有人会获准在几十个湖泊上进行这样的实验。

至少在申德勒时代之前是这样。

当申德勒从牛津大学回到美国时，他面试了耶鲁大学和密歇根大学（University of Michigan）的教职，但他发现这两所大学都过于注重实验室实验了，而且离当年让他痴迷、引他转入生态学领域的水域和森林太远。他转而选择了安大略省新建的特伦特大学（Trent University）* 的一份工作。当时该大学虽然不像其他机构有学术影响力，但可以让他在附近的所有湖泊和森林中开展研究工作，开启职业生涯。然后，在他工作后不到一年，一个绝佳的机会出现了。

加拿大联邦政府和安大略省已经同意在温尼伯东南约 200 英里的地方划出一片荒野，他们正在寻找生态学家进行全湖实验，研究伊利湖藻类暴发的原因以及北美大陆湖泊遭受类似藻类袭扰的原因。1967 年，在利用直升机对公有土地进行广泛调查后，近 500 个湖泊被列为"全湖实验"的候选湖泊。被选中的湖泊将被当作超大的"实验白鼠"。

只要能有助于解决问题，生态学家们可以采用任何方式对这些湖泊进行研究。这正是申德勒向往的户外实验室的实验规模。但当实验室主任告诉他条件会非常恶劣，他不能带着妻子和年幼的女儿时，他心有不甘地回绝了这份工作。

申德勒的未来老板说得很有道理。被选来做开放性湖泊实验的地区极其偏远，而且湖泊星罗棋布，当划船或徒步穿越其中时，人的大脑会产生错觉。人们会觉得是众多岛屿星星点点地点缀在一个大湖之中，而不是湖泊散落于一片巨大的森林之中。而在当时，这个规划中的研究点位于森林中央，也没有通电。

第二年加拿大政府来找申德勒时，这个革命性的户外实验室仍然只是地图上的一个草图。这一次，他得知可以带着妻子、女儿，还有

---

* 特伦特大学是位于加拿大安大略省的一所公立大学，校园及周边为森林与湖泊所环绕，环境优美。该大学创建于 1964 年，故而作者说申德勒选择了全新的特伦特大学。——译者注

刚出生的儿子一起去。问题是：当时才20多岁的申德勒将领导从世界各地招募的十几名野外生物学家在研究营地开展工作，家人实际上无法住在研究营地中。

申德勒抓住了这第二次机会。1968年春天，他来到这里，迅速在一个小岛上安了家，划独木舟只需约5分钟即可从研究站帐篷和隆隆作响的发电机处回到家里。这样，就不必在一片密密麻麻的白桦树和松树林中开出一条每天上下班要走的小路了。而且他在野外工作时，有时要连续几天，他的妻子也不必再担心会突然有野生动物，特别是黑熊闯入了。那年夏天，他们一家人住在小岛上一个10英尺宽、14英尺长的红色帐篷里。他们给儿子准备的婴儿床是用一个装过实验室测深仪的木箱做成的。

很快，申德勒的专注和毅力就引起了同事们的惊叹。“看到他进来吃早餐，回到实验室，进来吃午餐，回到实验室，然后进来吃晚餐，再回到实验室，这总是让我感到惊讶。接着他带着公文包走出实验室，跳上他的小船，划过湖面回家，”一位前同事回忆说。“他曾经告诉我，他每晚只睡三个小时。他的的确确是全身心地投入这个项目中了，你看到他这么投入而你不投入的话，你会感到心里不安的。”

生物学家们的首要任务是收集各个湖泊的化学成分、温度、深度和水生生物的数据。申德勒和他的队员用独木舟，有时也用直升机来采集数据。用直升机的话就往往需要申德勒爬上飞机的一个浮筒，舀起水样。直升机的引擎会喷出大量废气，有时会让他呕吐。

第一个夏天结束时，在这个被称为实验湖区的前哨基地，科学家们已经确定了几十个湖泊，正式被留作生态调查之用。

准备工作一切就绪，申德勒制订了一个简单计划。洗涤剂行业曾辩称，造成伊利湖藻类问题的源头不是其产品中富含磷的废水，而是富含碳的家庭污水，家庭污水则当然不是洗涤剂行业的问题。申德勒决定对碳进行试验。

他说：“这样我们就选这个湖，227 号湖。我建议：我们在这个湖里做一个实验，就可以知道碳是不是产生藻类的祸首。所以我说：‘我们要在整个湖中加入氮和磷。如果之后出现了藻华，那么就可以排除碳的嫌疑。’”

第二年春天，也就是 1969 年，实验开始了，在一个面积为 12 英亩的湖上，从大本营出发，要走两段路，划船 5 英里才能到。大本营本身就很偏远，必须炸开一条“路”穿过森林和岩石地带，才能把拖车、帐篷、发电机和实验室设备运进来。（时至今日，这条路仍然很崎岖，如果游客不买额外的租车保险，那就太傻了。绝对是傻到家了。）

即使是把考察船运到 227 号湖也是很不容易的事；必须把船绑在直升机的两个浮筒之间。

申德勒的一位同事仍然记得他们进行第一次全湖实验的那一天。他们拽开玻璃纤维船 10 马力发动机的启动线，把船驶向湖中央。然后他们关掉引擎，拔掉船后部的排水塞。当船只挂空挡时拔掉这个排水塞，那它就不是排水口了。它就成了船底的一个洞。水涌了进来。

湖水飞快地拍打着他们的脚踝，他们把排水塞塞回原位，倒入几袋从商店买来的磷基和氮基肥料，用船桨搅拌好这大份的营养剂混合物。然后，启动发动机，再拔下排水塞，开着满载富含肥料水的小艇绕湖兜圈，把船上的肥料水通过排水孔排到湖里。没过多久，碳的问题就有了定论。

“两周后我们就知道了答案，”申德勒说。“我们经历了一场藻华。”

由于科学家们向水中添加的碳为零，家庭污水的碳就被排除在淡水藻类大量繁殖的原因之外。尽管如此，这些生态学家们测算出，水中自然存在的碳应该不足以产生像他们添加氮和磷元素后出现的那样大的藻华。

“我们最感兴趣的是，藻类暴发需要的大量的碳是从哪里来的，”申德勒在谈到227号湖的实验结果时说道。研究人员昼夜不停地进行了碳测定，最终确定藻类在白天光合作用和生长时会消耗湖中现有的碳。

然后，太阳下山后，藻类不再进行光合作用，而此时碳枯竭的湖泊实际上会吸取大气中的二氧化碳，恢复其化学平衡。测试表明，每天早上，水中都会有新鲜的、大自然提供的碳，正好赶上太阳升起，藻类恢复生长。这正是研究人员转向大规模实验的原因；实验室实验不可能复制整个湖泊夜间吸收二氧化碳这种惊人的能力。

申德勒说，实验结果公布之后，洗涤剂行业开始将藻类暴发归咎于其他元素。

申德勒回忆说：“尽管227号湖的实验结果使那些认为碳可以限制富营养化的人闭上了嘴巴[139]，但严重依赖高磷洗涤剂的肥皂和洗涤剂行业依然认为，单靠控制磷解决不了问题。他们提出，必须同时控制氮，因为在许多湖泊中进行的小规模实验表明，氮在一整年或一段时间都具有限制作用。”

因此，申德勒决定接下来对氮元素进行试验。他的想法是找一个花生形状的湖泊——226号湖——在湖的中间安装聚氨酯隔板，将湖从湖岸、湖面到湖底分隔成两个湖。研究人员用隔离泄漏石油的特殊材料缝制了超大号的幕帘，并将其悬挂在湖面的浮索上。潜水员用一排重重的石头压住幕帘的底端，彻底封住了湖底。

一旦湖的两叶被切断，一个湖突然就变成了两个湖。两边都注入了碳和氮。但其中一边还加注了磷。就在营养物质投放的几周后，湖的一边再次变成了明显的亮绿色。那是加注磷的一边。

“有一天，一位技术员结束勘测从直升机上下来，说：哇！你该去看看那个湖，”申德勒对我说。“于是，我们带着相机上了直升机，拍下了一些照片，后来这些照片广为人知。”

幕布一边是纯净的深蓝色湖水，另一边是像高尔夫球场一样的那种绿色湖水。洗涤剂行业一直宣称磷不是藻华问题的祸首，这一实验结果给了他们致命一击。

当然，磷并不是湖泊中藻类大量繁殖所需的唯一营养物质，但是通过226号湖的实验和随后的多个实验，申德勒团队相信，磷即便不是所有淡水水体藻类生长的限制因素，至少也是绝大部分淡水水体中藻类生长的限制因素。今天，有一派研究人员认为，在一些湖泊中，氮可能是限制因素，而申德勒直到去世前都对这一观点嗤之以鼻。

他认为，减少磷，就能减少藻类的暴发。用条形图向各州立法机构展示每个湖泊中每升湖水所含磷的微克数以及由此产生的藻类密度是一回事，从直升机上所拍到的画面则完全是另一回事。

申德勒说：“这正是听证会小组所需要的，因为很多小组成员都不是科学家，我们向他们介绍这些数据时，你可以看到他们个个都睁大了眼睛。如果一张图片胜过千言，那么在科学领域，一张图片可能抵得上十万语。图片对解释磷的作用非常有说服力。”

针对洗涤行业所谓的“它在公共水域释放的数十亿磅化学物质没有造成藻类问题”这一说法，其实早在申德勒展示的照片证据之前，公众就已经产生了怀疑。一些最猛烈的批评往往来得出人意料。

1970年全国各地报纸上刊登了这样一则广告：“伊利湖是一场灾难，塔霍湖处境危险，皮吉特湾（Puget Sound）是一场生态噩梦，查尔斯河（Charles River）是一个耻辱。我们已经没有时间了，现在必须开始解决污染问题，否则这些问题可能永远都解决不了。我们可能会在满是垃圾的世界里苟活残生。”[140]

这则半个版面的广告接着点明，洗涤剂中的磷是问题的根源。这则广告并非出自塞拉俱乐部（Sierra Club）* 这样的环保组织，也不是出自其他活动团体。它来自汰渍的一个竞争对手。该公司出于保护环境的责任需要，推出了自己的低磷配方洗涤剂。该广告不仅列出了磷含量最高的品牌名称，而且还列出了这些品牌中磷酸盐含量的百分比。

同年晚些时候，美国洗涤剂行业同意将其产品中的磷含量限制在8.7%之内[141]。但这相对于对芝加哥的限制令而言根本算不上什么。芝加哥在当年晚些时候下令全面禁止含磷洗涤剂。宝洁公司向联邦法院提出诉讼，但并未获得成功。紧接着，印第安纳州颁布了全国首个全州范围内的含磷洗涤剂禁令。这项措施引起了洗涤剂行业的不满，它们提起诉讼，但以败诉告终[142]。底特律和俄亥俄州阿克伦的类似禁磷令也是如此。

1973年后，越来越多的州开始效仿印第安纳州的做法。到20世纪90年代中期，洗涤剂行业自愿从家用洗涤剂中去除了磷[143]。别的暂且不说，洗涤剂中的磷助剂已经被碳酸钠取代。时至今日，碳酸钠仍然用于汰渍的粉末配方中。汰渍在推出超过75年后，依旧是市场上占主导地位的洗涤剂。

随后，洗碗机洗涤剂也逐渐淘汰了含磷洗涤剂。从20世纪70年代开始，全国各地污水处理厂投入数十亿美元进行升级改造，排入公共水域污水中的含磷废物进一步减少。

而且，正如申德勒和当时的其他科学家所预测的，北美那些饱受藻类之害的湖泊与河流在整个20世纪80年代开始恢复。伊利湖在极短的时间里得到快速恢复。20世纪80年代中期，苏斯博士同意在《老

* 塞拉俱乐部是美国的一个环境组织，成立于1892年。尽管该组织声称其使命是探索、欣赏和保护地球的荒野、保护地球生态与资源、教育和号召人们保护和恢复自然环境和人类环境，但该组织近年来无可避免地卷入了一些相关政治议题之中。——译者注

雷斯的故事》以后的新版本中删除所有与伊利湖相关的内容。

今天，伊利湖藻类大量繁殖现象再次出现了，情况和20世纪60年代死亡区的至暗时期一样糟糕，甚至更糟糕。这一次，腐烂的藻类不仅仅是吸走了伊利湖的氧气，而且是在毒化伊利湖。就像20世纪70年代一样，这些藻华并不是只出现在伊利湖，而是出现在从佛罗里达到太平洋西北沿岸的所有湖泊和河流中。

问题再次出现在磷上。生物学家们再次确定了造成藻类暴发的行业。

这一次，该行业同样也被认定是污染的祸首，却再次逃脱了惩罚。

第 6 章

有毒之水

20 世纪 50 年代，桑迪·比恩（Sandy Bihn）还是一个生活在俄亥俄州托莱多的小姑娘，那时的伊利湖，特别是夏季的伊利湖，给她留下了非常难忘的美好印象。她父亲经营着一家干洗店，每逢 7 月 4 日美国国庆节假期，他都会休业，带着一家人去密歇根州州界对面的沙滩上租一间小屋。

她父亲会休息一周，第二周每天开半小时车回去工作，这样比恩和她的小妹妹就可以和她们夏日里的朋友们享受一下延长的假期，无拘无束，远离溽热的城市。上午，女孩们在租来的小船上垂钓黄金鲈。下午，她们下水游泳，在沙滩嬉戏。晚上，他们把上午钓到的鱼裹上面包屑，用黄油炸着吃。

有时候，东北风吹来，水面波浪起伏，比恩和妹妹就会在湖岸边捡漂亮石头，或者去远离岸边的地方徒步。每个假期中都有几天是这样度过的。无论做什么，比恩都赤着脚，到假期结束时，她的脚底都会磨得长出了老茧，在小屋附近的碎石路肩走着玩耍都不会皱眉头。比恩说，“那是一年中我最喜欢的时光。我很早就知道，无论我长大以后做什么，都不会离开那个湖边。”[144]

1987年，伊利湖正从20世纪60年代和70年代洗涤剂引发的死海时期中恢复过来，比恩和她的丈夫在托莱多附近伊利湖的西岸边建造了一座房子。那时湖水的质量已经有了很大改善，比恩从来不觉得需要开车去度假。她的孩子们在自家后院的沙滩上光着脚丫子过夏天，从锚定的木筏上跳到湖里去游泳。他们把这个木筏称为“小岛”。

如今，“小岛”已经不见了。20世纪80年代和90年代后那标志着生态恢复的深蓝色水体也消失了。伊利湖再一次遭受了长期的藻类大量繁殖的侵袭，比恩已经不记得家人最后一次脱下鞋子把脚浸泡在碎浪中是什么时候了。事实上，现在家人只能在后院一个经过氯处理过的小泳池里游泳了。比恩的丈夫在浑浊的湖水中游泳后多次感染耳疾，后来才建造了这个泳池。伊利湖的衰败令人痛心，这让比恩感到了一种使命感。

比恩坐在她的客厅里对我说，“我唯一想要的，就是让那个湖不再是绿色的。”她的客厅布置得像20世纪80年代红龙虾餐厅（Red Lobster）* 的大堂一样。

她所说的绿色并不是泡菜汁那样的绿色。那是一种翠绿，像一加仑油漆一样厚重，而且还有毒。

伊利湖新的藻类灾害不能归咎于洗涤剂制造商、工业废物倾倒或污水处理厂的排放。所有这些污染源都受到最新的污染排放规章的严格监管。但是农业生产的情况却并未受到监管，这是现如今藻类大量繁殖的根源所在。具体来说，伊利湖的藻类问题可以溯源到湖西边那

* 红龙虾连锁餐厅为北美的一家连锁海鲜餐厅，历史较为久远，在美、加均有门店，很受大众欢迎。——译者注

个广阔、平坦、肥沃的莫米河（Maumee River）流域农田使用的过量磷肥。

在白人定居之前，莫米地区被称为大黑沼泽（Great Black Swamp）。这块沼泽地的面积大约1 500平方英里，有丰富的野生动植物，数千年来一直发挥着天然过滤器的作用，过滤着流入伊利湖天然营养丰富的混浊雨水径流。白人定居者从19世纪开始利用沟渠和地下管道系统排干了沼泽里的水并进行了开发。如今，曾经松软潮湿的莫米河流域已成为种植园和养殖基地，大约300万英亩玉米和大豆（以及少量小麦、干草和燕麦）齐刷刷地生长着，畜牧养殖业也不断扩张着[145]。莫米河曾经是一个巨大的水净化系统的一部分，现在则更像是一个注射器，每年将农业所产生的数千吨过量的磷直接注入伊利湖。尽管农民们急于推卸掉他们的责任，但是这无疑就是诱发伊利湖最近这次藻类大量繁殖的原因。

农民们说，这次藻类暴发的根源是过度施肥的高尔夫球场、草坪，甚至还有房主漏水的化粪池以及污水处理厂肮脏的排放物和工业污染。他们所说并非全无道理，但这些渠道排出的磷加起来只占由莫米河每年带入湖中磷总量的15%。一直致力于解决伊利湖磷问题的生物学家们承认，总体而言，近年来莫米河流域的农民实际上一直在减少工业化生产的化学养分在作物上的用量，但农业还是伊利湖磷问题的主要根源[146]。

农民们也在与政府监管部门合作，利用公共资金来防止化学肥料在被作物吸收之前流失掉。政府出资让农民在夏季生长季节过后种植“覆盖作物”，以吸收多余的肥料和固定已经磷饱和的土壤，使其不至于流失进入湖中。政府资金还补贴那些在田地边缘种植缓冲植被的农民，这些植被可以捕获逃逸的磷颗粒，避免这些颗粒流入通向伊利湖的沟渠和小溪。另一个公共资助的项目是为农民提供资金，给排放农田积水的管道安装闸门，以减缓被磷污染的雨水在地下管道中的流动速度。

然而，藻华仍在肆虐。

过去几十年间，化肥价格相对便宜，磷肥使用过量，这些过量的残留磷会从田间浸析出来。这是原因之一。另一个因素是气候变化。春天雨水越来越多，农民播撒在田里的肥料，农作物还未来得及吸收就被雨水冲刷走了。近年来，由于农民转而采用“免耕”法耕作，使田地像停车场一样光滑平整，这已成为一个特别严重的问题。这种做法可以减少表土流失。但是农民每年秋天播撒的化肥，在次年4月阵雨降临时，化肥表壳遇到雨水就会融化，化肥也就随着雨水流入湖中。

然而，环保组织伊利湖水之守护者（Lake Erie Water Keeper）的执行董事比恩却将伊利湖磷含量超标的大部分责任归咎于莫米河流域内牲畜数量的激增。

她说：“这并不是说商用化肥不会带来问题，而是说粪肥问题被掩盖了，粪肥居然被人忽略，这太不可思议了。”

伊利湖20世纪的污染问题最终引发了对含磷洗涤剂的禁令，并促使美国国会通过了1972年的《清洁水法》（Clean Water Act）。该法要求城市和产业界大幅减少向全国的河流、湖泊和沿海水域排放肥料和其他污染物。但这一具有里程碑意义的环境法却在很大程度上给了农业一张通行证。

当时的理由是，通过去除洗涤剂中的磷和减少工业和城市富营养物质的排放，就可以降低营养物质的排放，达到修复美国水体的目的。工业和城市富营养物质的排放不仅是最大的磷污染源，而且与试图控制从农业环境中跑冒滴漏出的弥散式（用监管术语说是“非点源污染”）化肥和粪便污染相比，对它们的监管也相对容易做到。你可以检测到管道中的“点源”污染并进行处理。要处理散布在数百万英亩广袤土地上的污染（过量营养物质）则很难做到。

但自《清洁水法》通过以来的半个世纪里，美国的农场发生了巨大的变化，它们已经更像点源污染者了。

今天的美国农业通常都是大规模经营的。就像工厂一样，拥有超过一万头牛的农场每天产生的污染（粪便）都是可以估算的，这种污染无法做到不扩散。农民将这些东西液化，并将其泵入池塘大小、可容纳数百万加仑污水的化粪池。为了防止这些化粪池溢出，有时即使是农田不需要增加养分，农民也必须定期将富含磷的排泄物撒在农田里。

其中最大的工厂化农场，被监管机构称为集约化规模畜禽养殖场（CAFOs），必须获得许可证，以规范粪便在农场集中区（如谷仓和化粪池）的管理方式。但是，这些许可证的执行往往比较宽松，而且一旦粪便由卡车运出农场并撒在附近的牧场上，监管工作就基本上停止了。有些农民不想让政府监管机构了解他们产生粪肥的数量、处理粪肥的方式和地点，就将其农场控制在一定的规模，其实他们的农场规模依然极其庞大。

例如，在俄亥俄州，少于2 500头猪的养猪场，或少于82 000只蛋鸡的养鸡场，或少于700头牛的奶牛场，都有权处理自身产生的粪便，基本上不受监管[147]，也不为公众所知。

但是，生态环保人士在2019年对最近的农场扩张情况进行分析时，通过研究航拍照片揭开了这个秘密，莫米河流域日益沉重的粪便负担终于浮出水面。

政府对每一种农畜所需的室内空间有一定的标准[148]，比如一头成年奶牛平均需要80平方英尺；一头猪需要7.5平方英尺；一只蛋鸡需要67平方英寸。因此，新建和扩建农场会根据养殖家畜种类的不同建造不同结构的养殖场。该项研究的发起者通过分析养殖场的照片，从谷仓的大小和形状倒推出里面可能饲养动物的种类以及动物的数量。这种调查并不够完善，但环保人士认为，迄今为止，他们对牲畜数量的估算比其他所有人（包括政府监管部门在内）给出的数字都要准确。

他们的发现令人震惊。2005—2018 年，莫米河流域的牲畜数量增加了一倍多，达到 2 000 万头，而该流域所产生的粪基磷量上升了 67%，达到每年 10 600 吨。

这些农业经营活动所产生的排泄物总量至少相当于一个几百万人口的城市。但不同的是，城市污水处理厂从处理的人类排泄物中提取了大量的有害物质，其中就包括了磷。而莫米河流域的牲畜粪便没有经过废水处理来去除其中的化学与生物污染物。相反，这些粪便被泼在农田里，为第二天产生的粪便腾出空间。用卡车运送如此大量的粪便费用很高，因此，每天产生的粪便几乎都不会被运送到流域以外的地方。经济因素决定了泼粪便的农田距离产生粪便之地不会超过 10 英里。

凡是没有被玉米粒、大豆或麦秆吸收的东西，都会像其他东西一样向下游流动，即使是在像块板子一样平整的莫米河流域也不例外。在莫米河流域，这些泼在田里的粪便最终会流入伊利湖。

俄亥俄州农民比尔·迈尔斯（Bill Myers）在伊利湖西岸的莫米湾州立公园（Maumee Bay State Park）对面种植玉米、大豆和小麦。他的曾祖父母在 19 世纪末从德国来到这里后，就开始在这片土地上耕作。他说他不用动物粪便作肥料，因为这里离所有大的厩肥生产者都太远了。他说，如果有性价比高的厩肥，他就会使用，因为这种肥料不仅能提供充足的肥力，还含有保持土壤健康的有机物质。但他承认，在莫米河流域产生的粪便中，有一定比例——他也并不假装自己知道究竟有多少——的粪便被撒在不需要有机物和养分的农田里。如果莫米河流域的农民不能定期将粪便倾倒在地里，他们就会被粪便淹没。

“他们正竭力甩掉这些粪便。”迈尔斯一边对我说，一边调皮地向四周投去狡黠的目光[149]。

迈尔斯和其他人一样对这种做法感到无能为力。但有人认为农民以最小的代价倾倒粪便，借此发财致富。对这种观点，他也并不认同。他说，大多数人只是为了生存，而且普通民众并没有意识到21世纪的耕作成本已经非常高。据他估计，他每天工作14个小时，年收入在35 000～50 000美元。

“我们当然需要谋生。我们不会白尽义务来做这个，”他说话的时候，下嘴唇上露出了一根烟丝。“你会因为自己是个慷慨的人，就拿着笔记本走来走去，与各种各样的人交谈却不索取任何报酬吗？每个人都需要得到报酬。”

迈尔斯说，他认识很多农民，他们认识到了自己也是造成伊利湖磷问题的推手，正尽其所能解决这个问题。但他也承认存在着少数超级污染户，他推测流域内大约20%的农民制造了大约95%的粪便污染。他可以理解为什么像比恩这样的人正推动政客们更好地规范农民管理粪便的方式，因为情况越来越糟糕。

“我们也常常为湖中出现的藻类感到烦恼。如果能把它降低到十年一遇，人们或许还可以接受，”他说。“如果10年中有9年都出现藻类暴发，那真是无法忍受。而现在就已经无法忍受了。”

20世纪中叶伊利湖的藻类问题逐渐消失，这不仅仅是因为从洗涤剂的配方中剔除了磷。还有大约80亿美元用于污水处理系统的升级改造。这样一来，排入伊利湖和其他几个大湖的污水中所含营养物质的数量大幅减少了。这些升级是美国和加拿大伊利湖恢复计划的一部分。该计划要求将流入该湖中的磷的最大限量从平均每年2.9万吨降低到1.1万吨。多家监管机构通过测算，认为如果将磷排放量降到这个数值就有可能解决藻类暴发问题。他们没错。

时至今日，每年流入该湖中的磷的总量仍然低于1.1万吨的门槛。但是藻华又回来了，而且规模一如既往，这很大程度上是因为现在大量从农田中流失的磷是以超强溶解的形式流入了湖中。

自20世纪60年代以来还有一个变化。早期的藻类大量繁殖是由多个物种聚集而成，而且大多数是无毒的。今天的藻华则往往是由所谓的“蓝绿”藻类引起的，这种藻类如今正在伊利湖以及美国各地的河流和湖泊中肆虐。

严格来说，蓝绿藻并不是藻类，而是一种具有光合作用的细菌。这些单细胞生物也被称为蓝细菌，它们可以产生一种肝脏毒素，狗误食后会死亡，游泳者意外吞咽后几秒钟内会发生呕吐。

蓝细菌可能是有毒的，但它们也是完全天然的。化石记录显示，蓝细菌在地球上已经繁衍了至少35亿年（最古老的岩石大约有40亿年历史），这是一件好事。实际上，蓝细菌为地球注入了现代生命；大约20亿年前，它们的集体呼吸为大气层注入了足够的氧气，为我们今天所知的地球生命，包括人类生命打开了大门。

但是各种嗜磷的蓝细菌也会产生大量的强效毒素，人类在一个多世纪之前就已经认识到了这种现象。在1878年发表在《自然》（*Nature*）杂志上的一篇文章中，一位澳大利亚化学家报告了默累河（Murray River）河口附近的一个湖泊出现“如油画颜料一般绿”和“像粥一样稠”的浮沫[150]。他观察到，牲畜在舔食受污染的水后很快就会陷入昏迷，然后就会抽搐倒下。这位化学家随后将有毒的水喂给各种其他物种，发现毒素在不同动物身上起效的时间不同。“起效时间——羊，1～6小时或8小时；马，8～24小时；狗，4～5小时；猪，3～4小时。”起效时间有长有短，但是过度接触有毒藻类的最终结果都是相同的：死亡。

20世纪初，南非（South African）的研究人员也同样报告过“数千头”牛羊以及马、骡子、驴、野兔、家禽和水禽死于被藻类污染的水体的事件。南非的一座水库被蓝绿藻污染，牲畜饮用了水库中的水后死亡。对这些死亡牲畜的尸检显示，死亡牲畜的肝脏受损严重，其血液净化器官已经黑得像煤炭一样[151]。

原产于里海（Caspian Sea）地区的斑贝和斑驴贻贝与这一波新的有毒藻类大量繁殖有关，这种小型虑食性动物密密麻麻地长满了湖底，它们吞噬了几乎所有漂浮生物，只有蓝绿藻得以幸免，还肆无忌惮地滋生着。因此，现如今一座湖泊遭受到贻贝的侵扰，出现藻类大量繁殖时，即使是像伊利湖这样的大湖，所出现的藻类大量繁殖更有可能是具有毒性的藻华。

在藻类暴发特别严重的年份，伊利湖中的这种蓝细菌斑块会四处蔓延，达到约2 000平方英里的面积。正如农民迈尔斯所说，过去的10年，几乎年年都很糟心。

藻华的暴发不单单对生物学家、游泳者和渔民来说是一个问题。2014年8月，蓝细菌产生的大量毒素被吸入托莱多公共供水系统运营的伊利湖取水口，迫使官员在半夜发布了禁水令。卫生官员警告说，被污染的水煮沸后也并不能保证饮用安全，这种做法实际上只是将毒素进行了浓缩。

禁令发布的消息传播很快，托莱多人深感恐慌，禁令发布后仅几小时，连一小时车程内商店的瓶装水都被一抢而空。随着恐慌的加剧，俄亥俄州各地的国民警卫队（National Guard troops）调动起来，运来成卡车的瓶装水、便携式水处理系统和成托盘的婴儿配方奶粉，来维持居民的正常生活。这种情况一直持续到经过化学处理后的水可以安全饮用之时。

危机发生两个月后，五大湖区十几个城市的市长齐聚芝加哥，誓言要采取一切必要措施，避免托莱多的灾难在五大湖区其他地方重演。五大湖是 3 000 多万人的饮用水水源，这 10 多个城市的饮用水全部仰仗着五大湖。

终于在 4 年时间后的 2018 年，美国政府和加拿大政府达成协议，在 2025 年前将每年排入伊利湖的磷减少 40%。

科学家们相信，这样的营养物质配比会像半个世纪前降低磷排入量一样，疗愈伊利湖。但是这一次奇迹并没有发生，因为这项计划没有出台任何新的强制减排法律。所有减排基本上是自愿的，因此，除了农民和不敢为难农民的政客之外，几乎所有人都发出了强烈抗议。

2018 年春天，《托莱多刀片报》(*Toledo Blade*) 上刊发了一篇报道，一位批评者发出抱怨，“我们这个州的立法机构是农业局的全资子公司[152]。我深感遗憾，但这是事实。”

发出这番慨叹的不是一个专业环保人士，而是托莱多的市长。

2019 年仲夏，在托莱多以东约 60 英里处我登上了一艘渡轮，与 100 多名科学家、政界人士、环保活动人士、农业专家、记者和专业垂钓向导一起前往位于伊利湖一座小岛上的一个生物研究站。我们要参加的这项活动，对俄亥俄州人而言是一项令人沮丧的年度活动——夏末高峰期伊利湖有毒藻华严重程度的官方预测活动。

当时是 7 月 11 日，通常情况下，在莫米河汇入伊利湖的河口还不会出现蓝绿藻初生菌块，蓝绿藻初生菌块的出现是藻类季节到来的一个重要标志。但是，根据生长季到来之前农民在田地里泼撒的肥料数量、春季降雨量和降雨时间、夏季水温以及长期的天气模式，科学家们现在能够相当准确地预测出夏季藻华的规模、有毒的黏性物质随着秋风和清凉的气温消散的时间。

这是一个阳光明媚的早晨，我们要去的这个岛屿位于美加湖面无形边界以南大约4英里，岛上绿树如茵。这里矗立着一座比纽约港（New York Harbor）的自由女神像（Statue of Liberty）还高的花岗岩贴面纪念碑，有352英尺高，是为了纪念奥利弗·哈扎德·佩里海军准将（Commodore Oliver Hazard Perry）在1812年战争*期间战胜英国舰队而建的。在这座碑的周围散落着几座不起眼的小屋。这场交战让佩里准将深受鼓舞，他在给指挥官的一封信中写下了一句名言："我们遇到了敌人，但已手到擒来。"

1971年，沃尔特·凯利（Walt Kelly）在广受大众喜爱的报纸连环画《波戈在地球日》（*Pogo on Earth Day*）中也说了一句同样经典的名言。一只名叫波戈的负鼠，看着充斥着各种垃圾的森林，宣称："我们遇到了敌人，这就是我们自己。"

这恰好是对现代伊利湖争夺战的一个再贴切不过的评价。可以说，所有吃贝果、买冰激凌或在家庭烧烤中大快朵颐的人都对该湖出现的问题负有一定的责任。这种观点认为，如果你对农民的所作所为有意见，那就不要吃了！

但是，今天的美国农业并不仅仅是把食物摆上餐桌而已。莫米河流域种植的玉米最终大都会成为我们油箱中的乙醇。剩下的大部分被用来喂牛或加工成软饮料甜味剂。流域内收获的大豆被用于生产生物柴油和动物饲料。

密歇根大学的农业生态学家珍妮弗·布莱什（Jennifer Blesh）说，"实际上，我们现在种植粮食并不是真正供人类食用[153]。从技术上讲，我们所种植的作物大部分是其他产品的原材料。"

---

* 1812年战争又称美国第二次独立战争。佩里指挥的伊利湖战役大获全胜，迫使英军投降。这场战争为美国赢得了极大的国际声誉。——译者注

然而，俄亥俄州西部的农业不仅仅是一种产业，它还是该地区身份认同感的一个重要组成部分。伊利湖也是如此。

这种矛盾心理流淌在俄亥俄州民主党议员迈克尔·希伊（Michael Sheehy）的血液中，他是那天早上渡轮上的一名乘客。希伊的母亲在农场长大，他坚称自己非常尊重俄亥俄州最大且最具政治影响力的产业，但他并不害怕谈论该产业正在造成的伤害。

下船前往新闻发布会时，他对我说，“这座湖是上帝赐予这个星球的一份最奇妙的礼物，而我们如此不尊重它，如此虐待它，这是不道德的。”会上，俄亥俄州的农业官员报告说，由于大雨连绵，农业设备无法进入泥泞的田地，该季的化肥使用量不到通常使用量的 50%。他们还报告说，厩肥的施肥量只有正常泼撒量的一小部分。这听起来让人生疑。同人类一样，牛、猪和鸡也不会因为天气潮湿而停止排泄，农场的粪便需要定期泼撒，因为化粪池的容量只有这么多。

尽管报告称在该种植季之前，撒在农田里的营养物质减少了，但这不是什么好消息。研究人员当天报告说，在春季的几场大雨过后，仍有很多的磷被冲入湖中，将该州 1～10 级的藻类大暴发预测等级推至 7.5 级。这意味着他们预计这次的暴发会比 2014 年污染托莱多饮用水系统的那次更加严重。

州监管机构一直拒绝采取任何措施，甚至都没有依照《清洁水法》宣布该湖的西端“受到污染”，直到此前一年他们迫于环保人士牵头诉讼的压力才最终宣布了此讯。在新闻发布会上，所有发言人都闭口不谈此事。法院最终做出裁决，要求俄亥俄州对每年流入该湖西部流域的磷做出限量规定，但是这项裁决仍然没有要求制定违反该项限制的处罚措施。发言者也都没有提到，尽管法院已经做出裁决，但当时的州政府甚至拒绝设定这样的限量。

不到一周前，俄亥俄州农业局（Ohio Department of Agriculture）批

准了一位养猪人的请求，允许将其莫米河流域的畜牧业规模扩大一倍，增加4 800头猪，每年产生约100万加仑的粪便。会场里也没有人提及此事。该农场声称处理这些排泄物的方案是：将排泄物泼撒在田地里。

在乘船返回陆地途中，伊利湖租船协会（Lake Erie Charter Boat Association）前任副主席戴夫·斯潘格勒（Dave Spangler）只能摇摇头。他设法让我明白，他是支持农业的，但不能以牺牲自己的产业为代价。

他说，"他们所做的一切基本上都是自愿的，而湖水还是没有任何改善。除了加强监管，我不知道还有什么解决方案。我想不出别的办法。"

在会议的前一天晚上，我见到了会议主持人克里斯·温斯洛（Chris Winslow）。他是俄亥俄州立大学（Ohio State University）海洋基金项目（Sea Grant）的主任，该项目由联邦政府资助，旨在通过学术研究来探索解决公共水域面临的种种现实问题的答案。温斯洛说，伊利湖恢复的关键是采用更智能的耕作方式——选择适合的肥料、适量的肥料，并在合适的时间和适合的地点施肥，等等——而不一定需要更多的监管。

温斯洛是一位专业的渔业生物学家。我问他，现在是否该制定新的法律，加强对大量排放污染的农场进行监管，他回答说，"你会希望政府进到你的地盘，对你指手画脚吗？"

我回答说：嗯，没问题，但这与个人在私有财产上做什么无关，而是与这些行为对下游的公共水域的影响有关。

"是的，我明白这一点，"他说，"这是一场公地悲剧*。"

---

* 公地悲剧是指某项资源或财产由于有着众多的权利人，每个权利人都无权阻止他人利用该资源或财产，而每个权利人都倾向于过度利用该项资源或财产，从而造成资源或财产的枯竭或损坏。——译者注

俄亥俄州正在发生的事情实际上是一个缺乏共识的悲剧。

几周后，有毒的藻类开始大量繁殖，其规模与科学家预测的几乎完全一致，大约有 700 平方英里，相当于长岛（Long Island）的一半大小。

俄亥俄州官员拒绝采取任何措施，哪怕是最温和的措施来阻止磷对伊利湖的侵袭，伊利湖因此而遭受危害。但在西北方向约 450 英里处的威斯康星州格林湾则是另一种情况[154]。或者说至少是应有的场景。

密歇根湖西部 120 英里长的地带在生态方面可以说是伊利湖西部流域的孪生兄弟，它们的水位都很浅、水温很温暖，到处都是鱼，而且都正因大规模的藻类繁殖而缺氧。与俄亥俄州的监管机构不同，威斯康星州的环境官员在 10 多年前就根据《清洁水法》宣布格林湾的南部地区“受到污染”。这就要求州政府将磷含量过高的这个海湾纳入营养物质管控清单。这项举措并没有产生太大效果。虽然州政府可以根据意愿制定计划，却不能强迫农民改变他们的耕作方式，即使农民要继续扩大他们的经营规模，政府也无法强迫他们。半个世纪前（在《清洁水法》通过的时候），拥有 100 头奶牛的农民就称得上是一个规模很大的经营者。现如今，威斯康星州的一些奶牛场有多达 8 000 头奶牛。

奶牛养殖业有一个通用的可持续发展指导原则，每头奶牛需要 2～3 英亩的草场。这个数字并不确切，因为草场的需要量会因土壤类型、天气模式和牧场牧草的不同而有差别。但这么大的土地面积基本上是需要的，这些面积不仅要产出足够的草来养活奶牛，也是为了让土地安全地吸收奶牛产生的粪便。奶牛的粪便成为牧场牧草的肥料，牧场牧草为奶牛提供食料。奶牛吃草后又排粪便，粪便又继续滋养草地长出更多的草。如此循环往复，形成一个良性循环。

对于全国各地的许多农场来说，这样的日子早已一去不复返了，包括威斯康星州格林湾南端的布朗县（Brown County）也是如此。该县位于“美国乳业之乡”中心地带，是一个快速郊区化的县*[155]，在其大约19万公顷的农业用地上饲养了大约12.5万头牲畜[156]。如今，布朗县的大部分奶牛不在牧场上吃草，而是被关在牛棚里，吃着农场种植的谷物。据估计，每头牛产生的粪便量是人类的18倍。所有这些粪便都没有经过格林湾公共污水处理厂进行过处理。大部分粪便最终进入了格林湾，引发了藻类大量繁殖，形成了缺氧的死水区，情况严重到鱼类都想像苏斯博士描述的那样逃离自己的水域。格林湾沿岸的房主们实际上已经用落叶清扫机将数千条扑腾着跳出来快要窒息的鱼推回水中。

一位生物学家开始着手调查格林湾的鱼类大规模死亡事件[157]。他曾问我：“头上套上一只塑料袋，你能活多久？这就是这些可怜的鱼儿此时此刻的可怕经历。”

20世纪70年代，我在格林湾的支流福克斯河（Fox River）边上长大，这里离福克斯湾还不到一英里。小时候父母不许我在那里游泳，甚至不许我在河岸上玩耍。这并不是因为我父母害怕我会淹死，而是他们认为这条河流是一个液体垃圾场，事实也确实如此。《清洁水法》颁布实施后，沿河两岸造纸厂的污染得到了控制，河水水质因此也有了显著改善。但是，格林湾沿岸的沙滩却永久禁止游泳，其中一个原因就是布朗县奶牛场过量的磷排放。

找一个地球仪来看看。如果你喜欢淡水，地球上很少有地方像威

---

* 城市郊区化是指由于城市中心人口稠密、地租高昂、交通拥挤、环境恶劣，推动人口、商业、产业等逐渐外迁，造成城市空心化的一种现象。——译者注

斯康星州东部及其近 500 英里的密歇根湖岸线那样有吸引力。对于一个拥有 10.5 万人口的湖畔城市来说，在开放水域游泳并非异想天开。像芝加哥、洛杉矶和纽约这样大的工业化城市，孩子们可以在附近的海滩上安全地游一游泳。磷减排有助于格林湾沙滩重新开放，然而，这却不会很快实现，这与《清洁水法》的实施方式有关，或者说，与这个法案为何无法发挥出应有效力有关。

根据《清洁水法》，格林湾的磷减排计划要求造纸厂等磷排放行业以及格林湾城市污水处理厂进行成本不菲的水处理系统升级。但是，正是由于《清洁水法》的实施，这些磷排放者已经被迫在处理系统上花费了成百上千万美元来逐步减少排放，再做进一步的减排将耗费巨大。

然而，《清洁水法》对农业的“非点源污染”豁免意味着威斯康星州的监管机构无法要求农业产业进行类似的磷减排，而农业恰恰是迄今为止格林湾磷排放的最大单一来源。

农业——化肥与厩肥——占到福克斯河每年磷排入量的近 50%[158]，而福克斯河又汇入了格林湾。工厂和污水处理厂将经过处理的废水排入河中，分别占格林湾磷年负荷量的 21% 和 16%，其余的磷大部分来自暴雨径流。但由于《清洁水法》并未授权环境监管机构强制农民改变经营方式，监管机构就只能强迫工厂和污水处理厂花费上亿美元去升级其已经达到最先进水平的水处理系统。此举可能收效甚微或对改善环境根本没有帮助。

格林湾污水处理区淋漓尽致地展现了这一困境。该区为大约 23.5 万名居民提供服务，每年向格林湾排放约 2.6 万磅磷。这还不到格林湾每年磷负荷总量的 6%。

为了满足州政府的减磷计划，监管机构要求该区必须将每年的磷排放量减少约 9 000 磅。污水处理厂的经营者表示，升级污水处理系统，从废水中提取这个相对较少量的磷，可能就需要花费约1亿美元[159]。科学家也说，减少这个数量的磷对格林湾的污染水平可能产生不了什么大的影响。近几十年来，向格林湾排放污水的各个产业也大幅升级了自己的污水处理系统，他们的情况也与此类似。

一位州监管人员告诉我，“如果做不到明察善断，我们即使花费了10亿美元，也根本无法改善水质。”[160]

为了弥补《清洁水法》中对农业监管方面的漏洞，格林湾污水处理区在格林湾的一条小支流上的几座农场进行了一场实验。农民们获得了补贴，采用减少农田磷流失的耕作方法，即设置溪流缓冲区、种植覆盖作物等。污水处理区的这种做法是想证明，通过给农民补贴来减少污染，远比花费数亿美元升级工业和污水处理厂的污水处理系统来减少排放成本更低，效果还更明显。实验很成功，污水处理区现在计划在该流域扩大这项计划的规模。

从监管和环境的角度来看，这样做是有道理的——把钱花在可以最大程度减少磷排放的地方。有人在想，只要修改《清洁水法》，授权监管机构强制农民减少污染，这样做是否会更有意义，也更公平。

污水处理区的一位前员工在谈到向农民支付不污染费用的计划时对我说了这样一句话[161]，“我在格林湾冲冲自家厕所，就要付更高的水费，而多付的水费是为了补贴农业。为什么污水处理区要为别人的排泄物付费？”

尽管威斯康星州的监管机构无法强迫农民遵守其磷减排计划，但从纸面上看，该计划仍然要求他们大幅削减磷的排放。该计划的目标是将流入格林湾的一条小溪流的磷负载量从每年38 000多磅减少到6 000多磅。如果不从根本上减少小溪流域土地上允许饲养的奶牛数量，或者不彻底改变奶牛粪便的处理方式，这一目标就无法实现。

然而，在该计划实施很多年之后，造成格林湾严重污染的农民们仍然对该计划的细节一无所知。

我曾经问过一个拥有 8 000 头奶牛的工厂化养殖场的经营者，他打算如何达到该计划所要求的减排量。他回答说："可能你比我更清楚。"[162]

格林湾和伊利湖的藻华规模大，沿岸人口数量多，因此，这里的藻类大量繁殖成了头条新闻。但全美各地的湖泊和河流都有类似事件的发生。事实上，就在离格林湾不远的地方，你就可以看到遍地都是藻华，而且非常严重，甚至你最想不到的湖泊中都有。

一个典型的例子是位于威斯康星大学麦迪逊分校（University of Wisconsin-Madison）校园北部边上面积为 15 平方英里的门多塔湖（Lake Mendota）。由于该大学著名的湖沼学（淡水研究）中心就建在湖岸线上，门多塔湖几十年来一直是世界上受到最多研究的湖泊之一。它也成为藻类最为猖獗的湖泊之一。

毫不奇怪，这个问题可以追溯到该湖流域的奶牛场经营者。长期以来，这片土地已经浸透了营养物质，科学家们说，即使明天就禁止撒施磷——无论是厩肥还是化肥——也可能要等到几代人之后，该流域土壤中的营养物质才会下降到不再引发藻华的水平。

在湖边的校学生会，还有一个带救生员座椅的游泳码头，但到了夏末，你在游泳场能找到的唯一生命，就是垂死的、如鳄梨酱一样浓稠厚实的蓝绿藻。

2019 年 8 月的一个潮湿闷热的下午，本科生卡姆琳·克吕特梅耶（Camryn Kluetmeier）准备跨过湖岸，她不是去游泳，而是为备好学校的科考船去采集蓝绿藻水样。她是为数不多的几个敢冒险跨过湖岸的人。克吕特梅耶当时 20 岁。她在麦迪逊长大，童年的夏天都是在城市沙滩上戏水度过的。

现在，她无法再享受湖边嬉戏的乐趣，而是像照料一个生了病的发小一样照料着它。“我在这里长大，看着这些年的变化，确实感到难以置信，”她说道。“过去我们整个夏天都在游泳。而现在，一到七月，就不能再游泳了[163]。你不能下水，这太令人难过了。”

这样的事情不仅仅发生在桑迪·比恩的伊利湖，或是卡姆琳·克吕特梅耶的门多塔湖，抑或我年轻时的格林湾。2019年底，《自然》杂志报道说，自20世纪80年代以来，在一项涉及除南极洲以外的各大洲湖泊的大型调查中，近70%的水体中藻华的情况在恶化[164]。今天，一张美国湖泊和河流遭受蓝绿藻侵袭情况的地图看起来就如同一张美国地图。

从佛罗里达州到缅因州到华盛顿州到南加州到得克萨斯州到北达科他州以及介于这些州之间几乎所有的州，数百条小溪、大河、池塘、水库和湖泊现在都在遭受类似的由磷引发的有毒藻类的侵扰。这些年年暴发的藻类大量繁殖已经给美国的渔业、休闲和饮用水供应造成了超过40亿美元的损失[165]，而且科学家们表示，气温升高和磷径流的增加可能只会加剧藻华在全球范围的暴发。

有毒藻类大量繁殖的蔓延方式让生物学家们都百思不得其解。苏必利尔湖曾被认为是水温冰凉、营养匮乏（贫营养）的湖泊，不可能有蓝细菌的繁殖，但最近也开始遭受蓝细菌的侵扰。而且，在2019年，一种淡水型的蓝绿藻首次大量暴发，袭击了墨西哥湾。此前，许多生态学家也认为，墨西哥湾的咸水水体应该不会受到这种藻华的影响。

为了弄清藻华发生的真正原因，在那个炎热的八月天，我在麦迪逊采访完克吕特梅耶后，直接跳上车，直奔第二天即将开幕的艾奥瓦州博览会（Iowa State Fair）。

第 7 章

空荡荡的海滩

2019 年艾奥瓦州博览会开幕的第一天，轮到乔 · 拜登（Joe Biden）站上著名的“临时演讲台”，我有一个简单的问题要问他。“临时演讲台”是一个用干草包装饰的舞台，总统初选候选人在上面接受博览会日常观众的即兴提问。

我驱车前往得梅因（Des Moines），就是想问问拜登对玉米的看法。具体而言，我想知道他是否会继续支持 2005 年的一项联邦法令，该法令要求大约 10% 的美国汽车燃油要用可再生资源，其中大部分是玉米。

我推迟了家庭度假赶到得梅因，因为我知道拜登会露面的。所有认真参选的总统候选人都会露面的。自从半个世纪前艾奥瓦州被确定为总统初选日程的首战以来，该州的党团会议一直是候选人的一个风向标。这就意味着，对一个人口少（300 万居民）、农业为主导（大约 90% 的土地是耕地）、白人占多数（90% 以上是白人）州的选民来说重要的东西，对每位认真参选的总统职位竞争者来说都非常重要。艾奥瓦州人因此也习惯了临时演讲台上各种媚俗的表演。

在 8 月初那个炙热的日子里，我们在等待候选人到来时，常来临时演讲台的一位看客告诉我：“我们来这里是等拍马屁的，他们都是来拍马屁的，我们喜欢这样！”

几分钟后，拜登身穿蓝色马球衫，戴着飞行员太阳镜，跳上演讲台，立即开始向人群灌输一些陈词滥调。他大声吼着，“我们要团结不要分裂，要科学不要虚妄，要真相不要事实！”（最后一句话在那天的酷热中差不多说得通——也只是差不多而已。）

但真相是，乔治·沃克·布什总统（President George W. Bush）在两党压倒性多数的支持下通过的“乙醇法令”，现在看起来越来越像是一场经济、环境甚至是道德上的骗局。这项政策的正式名称是“可再生燃料标准计划”（renewable fuel standard program），其背后的理念很崇高，就是让美国摆脱对国外燃料的依赖，同时减少温室气体排放。但事实证明，乙醇对减少碳排放的作用微乎其微（很可能根本就没有好处），因为榨出一加仑的乙醇所消耗的能量相当于播种、施肥和收获大约20磅玉米。这一加仑乙醇所含的能量也比一加仑汽油少1/3，而且它对汽车发动机还有很大的腐蚀性。

如果再把法令实施后对生态造成的危害考虑在内，为乙醇付出的环境代价就会飙升。立法通过后不到10年的时间，美国的玉米和大豆的种植面积大幅增加。据估计，达到了1 600多万英亩，超出了佛蒙特州、新罕布什尔州和康涅狄格州3个州面积的总和，真成了玉米和大豆的海洋。玉米和大豆可用于制造生物柴油，这是联邦可再生燃料计划的另一个组成部分。

把食物从嘴里拿出来放入油箱还涉及一个道德问题——现在美国种植的玉米有40%被用来制造乙醇，这一比例高得惊人。

我坐在临时演讲台的前排，但当拜登在20分钟的巡回演讲中回答问题时，我还是没能引起他的注意。之后，我设法溜到舞台后面，几分钟后拜登从洗手间出来看到我，感到有些意外，这时我才有机会提出我的问题。

他把手放在我的肩膀上说，没问题，他肯定会支持联邦乙醇法令。但是，他补充说，关键是要探寻“先进的”生物燃料技术，不仅可以利用玉米籽粒制造燃料，而且还可以利用玉米秸秆非食物成分中的纤维材料以及其他植物制造燃料。现在，不论从环境上还是从经济上，实际上都证明这可能是很好的做法。事实上，在生物燃料技术领域，开发一种经济上可行的“纤维素乙醇”被认为是圣杯*（Holy Grail），而且它至今仍然是神话般难以企及。

*但今天的乙醇又当如何呢？*我追问这位未来的总统。

他在助手们的簇拥下，一边转身朝一个冰激凌摊位走去，一边对我说，“今天，我支持它！”

对一个靠可再生燃料行业提供了40 000多个工作岗位的州来说，这是个好消息。但对于下游的每一个人来说，这都是坏消息。

毕竟，今天那些高得出奇的玉米秸秆仅靠阳光和水肯定是长不成那样的。政府的乙醇法令实际上也是一项化肥法令。这项法令对从密西西比河（Mississippi River）流域一路南下到墨西哥湾（Gulf of Mexico）环境的影响日益加剧，墨西哥湾现在每年夏天都会出现一片人为的巨大死水区，就像潮汐一样如期而至。

这是密西西比河和阿查法拉亚河（Atchafalaya）将近半个美国大陆所排放的各类污染带入海湾所造成的严重后果。阿查法拉亚河是密西西比河的小姊妹河，它分流了密西西比河流经路易斯安那州中南部时的一部分水量。这其中包括每年大约160万吨的氮和15万吨的磷[166]，这些物质在夏季引发了墨西哥湾地区的浮游植物大暴发，就像伊利湖

* 根据基督教传说，圣杯具有奇迹般的力量，能赐予永生和祝福，但又难以触及，因此被视为一个遥不可及的目标。——译者注

一样，浮游植物最终会死亡，它们分解时从水中吸走了大量的氧气，几乎没有什么东西能在海底存活。生物学家称这种现象为缺氧。在某些年份，海湾中的缺氧区面积达 8 000 平方英里，相当于马萨诸塞州一个州的面积那么大。对海湾地区的海产品经营者来说，这并非一场纯自然的灾害，他们所产的海产品占美国全国总量的 40% 左右。他们并没有真正了解艾奥瓦州，无论他们是否意识到了。

营养物质流失造成墨西哥湾成为死水区。造成这一祸患的是横跨美国大陆 40% 的土地，西至落基山脉（Rocky Mountains），东达宾夕法尼亚州。但位于这块广袤地区中心地带的是痴迷于乙醇的艾奥瓦州。据估算，在过去 20 年里，该州营养物质的流失增加了近 50%，如今是墨西哥湾总营养物质负荷的一个重要来源。科学家们认为，该州已成为消除墨西哥湾死水区的主战场[167]。艾奥瓦州的一位研究人员说："艾奥瓦州是造成墨西哥湾水域缺氧问题的主要原因。解决了艾奥瓦州的问题，就解决了墨西哥湾的问题。"

一项研究认为，氮是导致墨西哥湾藻类大量繁殖的祸首，艾奥瓦州因此也成为舆论的焦点。实际上，导致墨西哥湾成为死水区的藻类大量繁殖是由磷和氮共同造成的，而人们曾普遍认为氮是咸水海岸藻类暴发中的利比希限制性因子。

因此，磷一直没有被认为是海湾地区藻类灾害的主要问题。

至少在 2019 年之前人们还没有认识到这一点。

在新奥尔良上游约 33 英里蜿蜒曲折的河道上，有一座奇特的大坝，它不是横跨在密西西比河上，而是沿着密西西比河的东岸而建。1927 年的密西西比大洪水（Great Mississippi Flood of 1927）汇成宽有 80 英里、深达 30 英尺的滚滚水墙一泻而下，导致约 60 万美国南方人背井离乡。洪水过后，美国陆军工程兵团（US Army Corps of

Engineers）于 20 世纪 30 年代用混凝土和木材建造了这堵高墙。两个多世纪以来，人类一直都未能将奔腾不羁的密西西比河束缚在人工加高的两岸之间，这场灾难就是其后果。

为保护新奥尔良使其免遭浸灌，18 世纪初修建了首批防洪堤。到 1800 年，定居者们从新奥尔良市沿河向上游几百英里都修建了各种大小不同、设计各异的防洪堤坝。事实证明，这些土堤根本抵挡不住长期泛滥的河水。19 世纪上半叶，政府开始建造一些规模更为庞大、设计更加精良的大堤。即便如此，河水仍然不断冲毁人工堤岸。1844 年坝被冲毁一次，1850 年又一次被冲毁，1858 年再一次，之后又在 1862 年、1867 年和 1874 年频频被冲毁。

政府对每次洪水的反应都没什么两样。工程师们增加了斜面墙的高度和宽度，希望能沿着河道向南行洪，不要冲出河堤淹没古老的洪泛区，天然形成的洪泛区可以先蓄洪然后再排洪，慢慢排掉密西西比河季节性泛滥的洪水。

虽说有了更高更坚固的防洪堤，但在整个 19 世纪 80 年代、90 年代和 20 世纪初，河水还是长期处于堤岸的高位。

最终，1927 年的滔天洪水来袭，防洪堤垮塌，一直被河堤拦挡着的洪水怒吼着一泻而下，冲向下面的居住区，美国陆军工程兵团束手无策，或者说至少是临阵退缩了。美国陆军工程兵团修改了以防洪堤坝为重点的防洪政策，并建造了邦卡莱泄洪道（Bonnet Carre Spillway），其功能类似于浴缸的安全排水口，只是根据陆地面积同比例放大了而已，目的是将密西西比河的洪水分流到一片相对荒芜的沼泽地，不要让洪水淹没下游新奥尔良的 50 万居民。

1.5 英里宽的邦卡莱泄洪道建造于 1931 年，如今依旧屹立在那里。它有 350 个混凝土槽，每一个都被 20 个垂直并排的木制“销钉”楔住，这些“销钉”大约有 11 英尺高，比铁轨稍粗。这座设施位于正常河道边缘以东约1/4英里处，当洪水涨到足够高度时，身着亮橙色马甲的工作人员会用升降机一个接一个地吊起销钉，让暴涨的河水向左流入防洪堤坝拦起的渠道之中，然后再把泛滥的河水向东排到大约6英里之外的庞恰特雷恩湖（Lake Pontchartrain）。

庞恰特雷恩湖实际上并非一座湖，而是一个河口，密西西比河以东一些较小的河流流入大海，之后再在此与墨西哥湾的潮水汇合在一起。庞恰特雷恩湖流入海湾的水量非常大，泄洪道排出的所有东西几乎都可以顺利通过，所以该地区的泄洪不是问题。

以这种方式完全打开邦卡莱泄洪道可能需要一个多星期的时间，但是一旦所有的销钉都被抬起，泄洪道每秒钟可以通过的水量足可以填满3个奥林匹克标准游泳池。这座泄洪道没有自动开启关闭功能，因为美国陆军工程兵团从未想过该结构需要在10年左右的时间内不止一次地打开。这是美国陆军工程兵团计算出来的结果，而且这个结果也得到了证实……至少在一段时间内是对的。从1931年到1983年，在泄洪道建成的这前52年中，只在7个不同年份打开过。

但在过去的几十年里，随着气候的变化，泄洪道的运行也发生了变化。洪水引发的高水位迫使美国陆军工程兵团在2008年至2019年间6次打开了泄洪道。而在2019年，首次出现了一年内两次打开的情况。伴随着美国大陆有记录以来雨量最大的12个月的结束，泄洪道于2月初第一次打开，一直到了4月底才关闭，共计44天。雨水一直下到春末，所以穿着橙色马甲的工作人员于5月初再次抬起泄洪道的销钉，直至7月下旬关闭，全年达到了创纪录的122天，远超泄洪道建成以来年均38天的时长。

在过去的10年里，泄洪道的使用天数激增，这一方面是因为雨水越来越大，另一方面也是因为北方地区吸收储存降水的草原、湿地和森林不断减少，要为开发（包括玉米种植在内）腾出空间。

许多路易斯安那州的人根本不知道北方的土地开发利用与南方发生的洪灾之间有什么关联。达里亚尔·萨瓦（Daryal Savoie）则不然。2019年7月下旬的一天，阳光明媚，这位62岁土生土长的河口人在等待着药店为他配药，所以他走到邦卡莱泄洪道旁停了下来，看着美国陆军工程兵团的工作人员开始把泄洪道的销钉放回原位。他说，他很清楚修建这个泄洪道的目的，也明白身着橙色马甲的人在做什么。他对我说："谁都不愿意看到新奥尔良再次被洪水淹没。"随后，他又说道，但是这些都不能说明北方南下的受到污染的洪水问题就基本解决了。

这位退休的卡车司机22年来一直穿梭于120万平方英里的密西西比河流域，因此他对这片广袤地区可谓了如指掌，远不是看看地图或者坐上飞机在空中俯瞰一下就能比的。他在北美茫茫的玉米和大豆海洋中奔波，在暴风雨中蹒跚，暴风雨一来，刚播过种的土地变成了泥淖，新施的化肥与厩肥也裸露了出来。

他站在泄洪道边上，用拇指越过肩膀指着向北延伸到加拿大的密西西比流域，说道，"那里所有的东西，最终，都会排入这条河。"

萨瓦有一艘17英尺长的阿鲁玛克拉夫特（Alumacraft）钓鱼船，那年初夏的时候，他开着船到庞恰特雷恩湖上捕鱼。洪水过后，湖水浑浊不堪，除了瞥见水面上漂浮的死鱼外，他什么也没捕到，原来是因为泄洪道使湖中的天然半咸水变成了对咸水物种来说致命的淡水。

营养丰富的淡水随后流出庞恰特雷恩湖，流入墨西哥湾。人们怀疑这些淡水可能是造成数百头瓶鼻海豚死亡的罪魁祸首，这些海豚被冲上海岸，银色的皮肤上布满了棕色的病灶。海豚死亡数量非常多，最后联邦生物学家宣布这是一起非寻常死亡事件（unusual mortality event，UME）。

同样不寻常的是，通过泄洪道的流量如此之大，持续时间如此之长，致使海湾海水的化学性质发生了改变；在一些沿海地区，仲夏时期的盐度水平骤降至5‰，远远低于海水通常的30‰～35‰。

这些盐度读数还不是在庞恰特雷恩湖汇入墨西哥湾的区域采集的，而是一艘阿拉巴马考察船，在庞恰特雷恩湖汇入海湾处以东近100英里、离岸约10英里的地方采样的。记录数据的科学家直呼"见鬼了"。

所有这些淡水不仅仅给咸水鱼类、牡蛎、海豚和海龟带来灭顶之灾，也对人类构成了威胁，因为它引发了有毒的淡水藻类在咸水海湾中大量繁殖，这个现象连毕生都在研究墨西哥湾的科学家们也从未预料到。

到2017年夏天，遭遇2005年卡特里娜飓风（Hurricane Katrina）袭击、2010年又惨遭英国石油公司（BP）漏油事件蹂躏的墨西哥湾，再次恢复了昔日物产丰饶的景象。密西西比海滩沿岸的水域突然出现了数量惊人的海洋生物。如云的鱼群在齐膝深的水域中游弋，成群结队的螃蟹爬上了码头桩柱。虾群在温暖的海浪中熙来攘往，魟鱼在岸边东冲西撞。作为一家监管机构，密西西比州海洋资源部（Mississippi Department of Marine Resources）经常受到渔民批评，被指责在制定墨西哥湾捕捞限额时过于吝啬。这一次，该机构发布消息称，公众可以使用渔网、水桶，甚至赤手空拳来尽情捕捞大海慷慨馈赠的丰饶物产，让所谓的捕捞限额*见鬼去吧。

密西西比州的生物学家们用"禧年**"（Jubilee）这个词来描述海滩上大自然奉上的这种自助大餐。对大多数人来说，这个词意味着某种

* 为了保护物种和渔业资源，美国许多州都设有鱼类捕捞限额，对鱼类捕捞品种、数量、时间、地点等加以限制。——译者注

** 所谓禧年原本是指犹太教的五十年节，后多用于指某种特别的纪念日，尤其是50周年纪念日或与纪念日相关的庆祝活动。——译者注

形式的 25 周年或 50 周年纪念。但是在密西西比州的墨西哥湾沿岸和亚拉巴马州的莫比尔湾（Mobile Bay）一带，禧年长期以来是指墨西哥湾的一种文化和美食欢庆活动，庆祝墨西哥湾将价值不菲、可以烹制为美味食物的海洋生物送到岸边。

这个欢乐时刻在时间和空间上都很少出现。从时间上，过去几年一次都没有发生过；从空间上，如果真的发生，通常也仅限于受障壁岛屿保护的密西西比海峡沿岸（Mississippi Sound）的狭长海滩。这条海岸线绵延 90 英里，从新奥尔良东部开始，一直延伸到亚拉巴马州的莫比尔湾。

其实，带来海鲜禧年现象的物理学原理，与造成面积更大、对大墨西哥湾（Greater Gulf of Mexico）构成威胁的死水区的原因并无二致。不同的是，禧年并不是由今天的营养物质引发的藻类大量繁殖或是其他人类污染所导致的。关于禧年的记载已经有一个多世纪了[168]。1960 年，当地的一位渔民说，在过去 60 年里他曾遇见过几次禧年，而他的父亲却是一辈子都在经历禧年。查克 · 贝里（Chuck Berry）在他 1957 年的经典作品《摇滚乐》(*Rock and Roll Music*）中还唱到了禧年。

风、水温、洋流以及潮汐恰到好处的自然组合，虽不常见，却带来了一次天赐的意外之财。在这些因素的共同作用下，海底附近含氧量较低的海水被吸到沿岸含氧量较高的表层海水中。海水从深处向上涌，把海洋生物成群成群地送上海岸线。

按照密西西比州海洋资源部的说法，只要这些蜂拥而至的鱼、虾和螃蟹捕获时还在欢蹦乱跳，就完全可以安全食用[169]。海洋资源部鱼类局局长在 2017 年禧年之日发布了一份新闻稿，其中提到，“目前采集的海水样本中没有检测出毒素，所以海鲜很可能是安全的。”

该官员确实也明确提醒民众：“虽说如此，海鲜应妥善处理、储存、烹制，方可食用。此外，如果有海鲜是死的，而且看起来像是已经死了一段时间的，就最好不要再吃了。”

整整两年后的2019年，又一场禧年的消息传播开来。当时密西西比州沿岸的游客发布了视频，视频中靠近岸边的地方有鱼跳出水面，鱼唇在抽搐着。这一次，州监管机构并不打算制裁任何捡拾行为，因为这些鱼并不是在试图逃避某种自然现象。它们正在逃离的水域，几乎在一瞬间就变成了像防冻剂一样的亮绿色，而且可能还有毒。

当6月底在密西西比州旅游旺季即将来临之际，水变成了绿色，此时密西西比州环境质量局（Mississippi Department of Environmental Quality，DEQ）海岸监测主任埃米莉·科顿（Emily Cotton）提醒人们说，“这可不是禧年，这是一种有毒的藻华。不要吃这些鱼[170]。千万不要吃。”

两年前，科顿参加了一个为期两天的研讨会，当时她觉得这个会纯粹是浪费时间。会议主题是如何识别和应对一种叫作微囊藻的蓝绿藻藻华。这种蓝绿藻与困扰伊利湖和其他许多北美淡水湖（从新罕布什尔州到太平洋西北部）的有毒淡水蓝绿藻属同一种类型。

毕竟，科顿的工作是监测密西西比州的咸水海岸，这意味着要关注会引发赤潮危险的海洋藻类以及污水处理厂排出的粪便污物。研讨会的老师还在讲解在水面上和显微镜下识别微囊藻暴发的步骤时，她自言自语地说：“我一辈子都不会用到这个。”

随后，2019年来自北方的淡水洪水带来了微囊藻的首次暴发。生态学家们曾认为，微囊藻无法在沿海开阔的咸水中长期生存，更不可能泛滥到对人类健康构成威胁的程度。当绵延的海滩开始浑浊变绿时，科顿立刻就联想到自己在培训时了解到的信息，加上密西西比河的洪水已经将新奥尔良以东的墨西哥湾海岸附近的海水几乎变成了淡水的消息，她马上就对此时此刻发生的事情产生了强烈的怀疑。她从墨西哥湾采集了海水样本，装到塑料罐里，然后送到一家州立实验室进行检测。结果表明，微囊藻产生的毒素已达到危险水平。

6月22日，她所在的部门在该州墨西哥湾沿岸的4个海滩上设置了第一批禁止游泳的标志。在接下来的一段时间里，科顿不断地采样，她总能发现新的微囊藻菌块。6月24日，她又关闭了5个海滩。她不断地采样，不停地关闭海滩。没过多久，她就用光了红白两色的禁止游泳的警示牌，不得不去印制更多的警示牌。

到7月4日美国独立纪念日这周的周末结束时，密西西比州墨西哥湾沿岸所有21个海滩都被贴上了禁止游泳的标牌，当时气温马上就升到100华氏度（华氏度=32+摄氏度 ×1.8）了。媒体的关注热度更高。7月9日，美国有线电视新闻网（CNN）的一篇报道说，“如果你不是住在密西西比州，夏天无疑是去海滩的绝佳季节。”《纽约时报》（*New York Times*）、美国哥伦比亚广播公司（CBS）、美国全国广播公司（NBC）和美国全国公共广播电台（*National Public Radio*）都进行了类似的骇人报道，全都以“密西西比”和“有毒海藻”这些扼杀旅游业的字眼为题。

2019年7月下旬，当我驾车沿着密西西比海岸的美国90号公路向东行驶时，海滩依然处在全部关闭的状态。我发现绵延几十英里的海滩空无一人，了无生机，仿佛雾气蒙蒙的天空下气温只有40华氏度，而不是灼热难耐的90华氏度。最后，在密西西比州格尔夫波特（Gulfport）以西约5英里地方，我发现有一个人孤零零地在离水约20英尺的地方休息。

吉尔·沃兹尼亚克（Jill Wozniak）开了一整天的车，刚刚从她在肯塔基州列克星敦（Lexington）的家中赶来，这是她和丈夫每年夏天最常来的地方。她从新闻中听说密西西比州的水出了问题，但直到她在去海边的途中顺路探望家人时，才知道密西西比州所有的海滩都因为有毒藻类而关闭了。

这对夫妇一到格尔夫波特，沃兹尼亚克的丈夫就失去了顶着烈日把脚埋在干干的沙子里度过一个下午的兴致，他去了酒店的游泳池。吉尔·沃兹尼亚克并没有因此而失望。她把车停在东滩大道上，径直走过禁止游泳的标志，想好好享受这个下午。她涂上了防晒霜，拿出了她在海滩上要读的书，打开了单杯装灰皮诺酒的瓶盖。

我走过去的时候，沃兹尼亚克已经在海滩上待了大约一个小时了。她告诉我说，“如果早知道不能游泳，我会取消这次旅行的。”之后她坦言，她还是下过水了。“我知道我不应该下水，”她边说边解释，她是一名执业护士。“但我不想大老远来了却不下海。”

当时并没有任何与游泳有关的疾病报告（当然，也没有人游泳），而且相较于每年伊利湖的微囊藻团块，海岸边散布的藻华规模很小。即便如此，密西西比州环境质量管理局局长还是下令保留禁止游泳的标志，因为持续的实验室检测结果显示，快速生长的蓝绿藻水平令人担忧，这种藻类可以产生一种名为微囊藻的毒素，这种毒素无色无味，会从藻华的绿色黏液中释放出来。

州政府官员告诫公众：在海滩上没有看到藻华，并不代表接触水就是安全的，因为毒素可以像伏特加酒一样清澈。

游泳后，沃兹尼亚克自己也在慎重地思考着。她解释说，她的丈夫继承了那片海滩附近的一块土地，他们一直在讨论在那里建造一座度假屋。她说，“我现在正认真考虑这个计划，可这种事情发生以后，我们真的还想在这里建造什么吗？”

沃兹尼亚克计划几天后返回700英里之外的肯塔基州，彻底忘掉墨西哥湾新出现的藻类问题。当然，不是每个人都有这种奢望。

詹姆斯·巴尼·福斯特（James Barney Foster）自20世纪80年代以来一直在密西西比海岸出租水上摩托、太阳伞和休闲椅。我正准备去比洛克西中央海滩东区的一个出租摊位与他的一名员工聊天时，突然看到了一个历史地标。原来，这个海滩很有名。1960 年 4 月，31 岁的医生吉尔伯特・梅森（Gilbert Mason）因从这里跳入水中而遭逮捕，并被指控扰乱治安，一时间成为国际头条新闻。他的罪名是：他是黑人。当时的海滩只对白人开放。至少警察是这么认为的。接下来的周末，梅森带着 125 名志愿者再次来到这里，进行了一场和平的“涉水”活动，迫使当局向所有人开放海滩。

“他们受过非暴力消极抵抗的训练，预计会遭逮捕，”福斯特的喷气船出租点附近的纪念牌上这样写道。“但他们却遭到了手持钢管、铁链和木棍的白人暴徒的攻击，而警察却袖手旁观，不加干预。”蔓延全国的愤怒情绪迫使联邦政府在密西西比州纠正错误。美国司法部（US Department of Justice）最终介入并提起了诉讼，这起案件耗费了近 10 年时间才最终胜诉。

2019 年 7 月 3 日，警察回到了同一片海滩，这一次，由于藻类的缘故，他们在命令游泳者上岸时并没有任何歧视。

“他们开着四轮车过来，大声叫喊着：‘从水里出来！从水里出来！’”福斯特后来在一次电话采访中告诉我。“这太疯狂了，就像电影《大白鲨》（*Jaws*）里的场景一样。”

对福斯特来说，这些命令来的最不是时候，不仅仅是因为这个时间点是美国国庆节周末长假的开始。经历了 2018 年业绩辉煌的一季，福斯特从银行贷了一笔巨款，新购买了 28 艘高档雅马哈摩托艇，他说他花了大约 25 万美元。2019 年春季福斯特的租赁业务十分红火，这些喷气式摩托艇已经开始收回成本。之后来了海藻，然后又是警官。他说，“这对我来说比卡特里娜飓风还要糟糕，比英国石油公司漏油事件还要可怕。前面的两场灾难我都挺了过来，但是这一次，我不知道自己还能不能挺过去。”

福斯特承认，关闭密西西比海岸的一些海滩可能是应该的，他在互联网上看到了藻华的图片，这些藻华真是绿得吓人。他认为这根本不需要放警示牌，也不需要动用全副武装的警察来阻止人们下水。“我不会跳进去的。傻瓜都不会跳进去。但我们附近并没有这种情况，”他提高嗓门儿说。“我从来没有因为这些水生过病，我已经58岁了，有糖尿病，我每天都在水里进进出出。”

福斯特不得不给一长串巨型轮式水上踏板车上了链条锁，把摩托艇出租业务搬到了海滩以北一英里处的一个内海湾，那里远离旅游路线，在整个美国国庆节假期，他只接待了大约20名游客。他说，在正常年份，他的生意可能是这个数字的50倍。他的沙滩椅还在出租，但在我去他出租点的那天，没有人租用。对于依赖游客的密西西比海岸各处的企业来说，情况也大同小异。

小米基·布拉德利（Mickey Bradley Jr.）站在一家名为鲨鱼头（Sharkheads）礼品店的柜台里面，并不想掩饰海滩关闭对这家比洛克西门店所造成的影响。这家店有体育馆那么大，出售T恤衫、游泳短裤、贝壳、钥匙链、软糖和人们度假时需要的各种物件。但几乎没什么人在度假。“这要了我们的命，”布拉德利说。“你看到了吧，外面空无一人，人们都很害怕。”

在接下来时间里旅游部门的官员告诉人们，从技术上讲，他们的海滩并没有关闭。从法律上来讲，游泳禁令实际上只是一个建议，海岸沙滩仍然开放，可以去日光浴、打排球，或举行篝火活动。但是伤害已经造成了。

“我们会挺过去的，但人们现在非常愤怒，”代表密西西比州海湾地区各县的旅游和营销组织的公共关系主任告诉我，我们两人都耐心听完了长达两个小时的公众听证会，时任密西西比州环境质量部部长的加里·里卡德（Gary Rikard）在听证会上坦言，那个夏天不大可能很快就撤掉禁止游泳的警示牌。

福斯特不仅仅是愤怒。他正在打包。他需要现金，马上就要。他有一笔银行贷款在下周到期，现在密西西比州南部的环境问题突然变得扑朔迷离，他不能指望能从放贷人那里得到喘息的机会。他计划把新买的这批摩托艇卖到佐治亚州。

福斯特说："银行不想借钱给你，因为银行不清楚密西西比州环境质量局要做什么。"

环境质量局的里卡德在被任命为州环境部门的负责人之前是一名环境律师，他在公开听证会上承认，他无法保证未来几年不会再发生类似的海滩关闭事件。他解释说，问题在于他无法告诉美国陆军工程兵团如何运营邦卡莱泄洪道，而且该泄洪道向密西西比海岸输送的污染来自各州的农场，远远超出了他的权限范围。

半个多世纪前，尽管遭到了密西西比州白人的强烈反对，但在联邦政府的干预下，比洛克西海滩还是成了没有种族歧视的安全之地。现在看来，需要联邦政府的再次干预，才能保证海滩安全，让海滩免受北方磷污染形成的毒藻大量繁殖带来的危害。

对福斯特来说，这事不可能很快解决，他不明白为什么北方农民给他的海岸线造成危害却要他来付出代价。

他告诉我："他们需要监管的，是那些在北方播撒肥料的人，而不是我们。不要等污染随着河水流到了这里再去监管。"

第二年春天，美国陆军工程兵团被迫再次打开了邦卡莱泄洪道。

这表明，如果总统候选人继续痴迷于乙醇，或是不彻底改变对农业的监管方式，密西西比州的情况只会越来越糟。

佛罗里达州东部墨西哥湾沿岸的情况已经在不断恶化了，半岛两边由磷引发的有毒藻类暴发危害到的已经不只是野生动物和假日周末，有毒藻类还在把人们送进医院。

第 8 章

病恹恹的液体心脏

差不多就在佛罗里达半岛南部的正中间，有一个面积达 730 平方英里的内陆海，名为奥基乔比湖（Lake Okeechobee），是美国境内仅次于密歇根湖的第二大天然淡水湖。该湖的绰号叫圆湖，湖如其名，该湖像圆圈“○”那么圆，直径超过 30 英里。站在岸边，你根本看不到湖的对岸，这个湖给人的感觉就像海洋一样辽阔，但实际上，今天的奥基乔比湖更像是一个巨型培养皿，就像后院泳池中的水一样，浅浅的、暖暖的。正因为此，奥基乔比湖就成为以磷为养分的蓝绿藻的完美孵化器。这些蓝绿藻不会消散，而是随着人工河汊中的水流移动，将奥基乔比湖的有毒物质输送到佛罗里达州两岸的海滨社区。

大西洋沿岸城市圣露西港（Port St. Lucie）位于奥基乔比湖的下游。2018 年，这里发生了一次极为严重的藻类大暴发。其间，住在这里的吉姆 · 佩尼克斯（Jim Penix）告诉我，“奥基乔比湖就像一个巨大的污水池，可以同时向东西两个方向流动。它正毁灭我们的河口。”

奥基乔比湖的问题源于大片的农业用地，这些农业用地横跨从北方汇入奥基乔比湖的各个支流。该流域内工厂化规模的奶牛场、草皮场和菜园、甘蔗田和柑橘园都会渗出磷，这些渗出的磷就会随着沟渠、小溪与河流最后汇入奥基乔比湖。如雨后春笋般涌现的住宅开发项目、商业区和高尔夫球场也将其含磷废物排入湖中。在一座巨大的环湖土堤建成之前，奥基乔比湖既是一片开阔的水域，也是一片沼泽。

在自然状态下，奥基乔比湖的面积、水深和形状都在不断变化。每年夏末，佛罗里达半岛常常遭遇热带风暴和飓风季袭击，其间，奥基乔比湖会不断膨胀，而到了旱季又会逐渐缩小。当湖水涨到一定高度时，就会漫过南部岸线，冲入一片 50 英里宽、130 英里长的水域，顺着佛罗里达半岛汇入其南端的沿海水域，探险家们将这块水域称为"大沼泽地"（Ever Glades）。奥基乔比湖的这些季节性变化成为佛罗里达州著名的格拉斯河（River of Grass）的源头，而且这些变化极有规律，仿佛踏着某种节奏。人们将奥基乔比湖称为佛罗里达的液体心脏。

如今，这颗心脏病得不轻。治疗方法：减少磷的输入，保护湖泊的生态，保护生活在河汊沿岸城市大约 10 万人的健康，因为是这些河汊将奥基乔比湖有毒物质排放到大海的。佛罗里达州制订了一个计划来减少磷的排放，但这基本上就是一个计划，纸上谈兵而已。

迈尔斯堡（Fort Myers）是墨西哥湾沿岸一个拥有约 7 万居民的城市，位于奥基乔比湖向西排放有毒物质的下游。2018 年夏天的一次藻类暴发期间，迈尔斯堡当地一个环保组织的负责人约翰·卡萨尼（John Cassani）告诉我说，"州里没有严格要求人们遵守法规。就像一场儿戏。"

密西西比海岸和伊利湖西端的情况可能很糟糕，但与奥基乔比湖的悲剧相比，真算不上什么。

这座湖的经历就是一次次受到伤害的血泪史，工程师要减轻湖水的自然溢流，农业利益集团一心想把湖中大片的湿地变成渗漏磷元素的农田，政客们则在是否要求磷污染排放者改变生产方式一事上摇摆不定，这些都给这座湖泊带来了一次又一次的伤害。

进入21世纪之后，风暴日益增多，气候不断变暖，奥基乔比湖的悲惨故事引发了州外人们的强烈共鸣。而实际上，故事的第一章早在很久之前的20世纪之初就已经写在了墓碑上。

在佛罗里达州中部如池塘般平整的田间有一块地势略高的墓地，上面密密麻麻地竖着几块麦片盒大小的墓碑。这些老旧的墓碑就在78号公路边上，因受到侵蚀已经有些东倒西歪，像闹鬼的房子一样。但你仍然可以看出埋在下面的人的名字缩写——E. M. B.、H. E. B.、W. J. B.、M. A. B.[171]。

即使是在7月阳光明媚的下午，一模一样的墓碑和墓碑上一模一样的字母B也陡然让迈尔斯堡以东40英里处的这片被人遗忘的土地显得格外阴森可怖。这是因为下面所有的灵魂都属于同一个家庭。1926年9月18日，当奥基乔比湖冲破一堆胡乱堆砌的泥土后，他们都咽下了最后一口气。这堆泥土曾被那些一直试图在背水面辛苦谋生的农民们乐观地称为“防洪堤”。

那场无名的飓风裹挟着湖水越过人工湖岸，引发了一股深达15英尺的泥泞洪流，直冲正蓬勃发展的农业城市穆尔黑文（Moore Haven），淹死数百人，其中包括E. M. B. ——埃莉诺·玛丽·布莱尔（Eleanor Marie Blair）和她年幼的孩子们。他们所有人都在一家杂货店里躲避风暴，这家杂货店在激流漩涡中垮塌了[172]。

就在排山倒海般的洪水冲向佛罗里达南端的同时，各种令人魂飞胆丧的故事也开始流传于残垣断壁之间。一位母亲用两个汽车内胎做了一个筏子，试图带着几个女儿与襁褓中的儿子渡过这场大浪。女儿们在艰难地爬上屋顶时，被翻腾的洪水卷走了。当这位母亲后来打算将男孩交给救援人员时，男孩也被冲走了。另一位母亲把刚蹒跚学步的孩子高高地绑在一根电话线杆上，她觉得这样的高度完全可以让孩子平安躲过不断上涨的洪水。但最终也未能幸免。

在市区范围内无法安葬逝者，因为即使在暴风雨过后的一个星期，穆尔黑文仍旧淹没在4英尺深的浑浊洪水之中。事实上，大片大片的水面动辄横溢于佛罗里达中部的土地之上，正因为这样，20世纪10年代定居者们才用沼泽腐泥和沙子修筑了堤坝。问题是，农民们想在湖南边湿润但极为沃腴的黑土地上种植甘蔗、番茄、豆类、土豆、辣椒和茄子等作物，然而奥基乔比湖再自然不过且规律性发生的"洪水"对他们来说却是一个威胁。20世纪10年代，佛罗里达州花费了大约1 500万美元修建了一套运河网络来排泄湖水，防止湖水淹没新开垦的农田[173]。而且，为了确保万无一失，佛罗里达人还修建了一道齐胸高的堤坝作为配套工程，挡在奥基乔比湖前面。

但堤坝并没有让佛罗里达州的液体心脏平静下来，而只是让它变得平缓了。1926年，被压制10多年的奥基乔比湖水顷刻之间一泻而下，将穆尔黑文变成了媒体所描述的"尸横遍野之城"。

在洪水过后的几天里，仅靠着一堆泥土来防御几万年来塑造佛罗里达州地貌特征的巨大力量的做法引起了人们的猛烈抨击。值得一提的是，当地报纸的一位编辑，主张建造一座更高大厚实的新堤坝[174]，"这样才能杜绝穆尔黑文这样的惨剧再度发生，避免仅仅在几个小时之内就将穆尔黑文从一个安宁祥和的农业社区变成一座被水浸泡的墓地。"

堤坝得到了修补，但并没有加高。1926年洪水发生近两年后，另一场飓风袭来，奥基乔比湖再次漫过其南边低矮的人工戗堤，这次是在穆尔黑文东南约30英里处。

约有2 000人在贝尔格雷德（Belle Glade）镇及其周围区域溺水身亡，实际的死亡人数可能要高得多；许多受害者再未浮出过水面。人们推测，他们是被漫出湖面流向大海的湖水掩埋在泥浆之中了。一些溺水者几乎可以肯定是遭到了短吻鳄吞噬。还有很多人的遗体被丢弃在贝尔格雷德的街道和田野上烘烤着，僵硬的尸体在初秋的热浪中腐烂，场面骇人。《迈阿密新闻》（*Miami News*）形容这场景“太过惊悚，不适合新闻报道”[175]。

许多白人受害者最终得到了安葬，但许多黑人农场工人的尸体则是被堆放在一起，浇上燃油，然后付之一炬。他们烧焦的遗骸被丢进了乱坟堆，其中一个就在奥基乔比湖的东面，比汽车旅馆的房间大不了多少，据说埋葬着大约 1 600 人的遗骸。

这第二场洪水引发的灾难太过巨大，引起了当选总统赫伯特·胡佛（Herbert Hoover）的重视。不久后，他就带着一个 20 辆汽车组成的车队抵达灾区视察。据报道，这位斯坦福大学毕业、工程师出身的政治家向幸存者承诺，政府援助很快就到[176]，离开时还泪流满面。在 10 年内，美国陆军工程兵团已经完成了对奥基乔比防洪结构的大规模升级。这包括一个扩建的运河系统，将奥基乔比湖的溢流引向佛罗里达州东西两个海岸，和一套更为厚实高大的堤坝系统。挖沟堆土的一个附带好处是，它打造出了一条航道，从大西洋海岸城市斯图尔特（Stuart）穿越佛罗里达半岛——也穿过奥基乔比湖——最后到达墨西哥湾沿岸的迈尔斯堡。

不出所料，当 1947 年另一场飓风来袭时，新的防护措施显然还是不够的。堤坝勉强支撑住了，但运河系统基本没起到什么作用，无法将洪水排入大海。就被淹没的面积而言，这次可以说是佛罗里达州南部遭受的有史以来最为严重的一次洪灾。

果不其然，经历了这场灭顶之灾，人们呼吁要建造一套全新的、更加宏大的堤坝系统，希望能够一劳永逸地使奥基乔比湖狂野的心脏安静下来。

始料所及，更多的土方设备再次驶向大沼泽地。

美国陆军工程兵团在20世纪50年代的一部纪录片中宣称："要建造更大的堤坝、更大的运河系统，让奥基乔比湖有更大的出海口，最终制服这个怪物。"这部纪录片讲述的是美国陆军工程兵团"修复"奥基乔比湖，排干佛罗里达约15 000平方英里沼泽的故事。该项目包括建造一座三层楼高、143英里长的环湖堤坝，拓宽从奥基乔比湖向东和向西延伸的运河。

最后，美国陆军工程兵团得意洋洋地宣称，人类真的给大自然带上了枷锁。

"那曾经疯狂肆虐的水，那曾经冲毁沃土的水，那曾经夺人性命与土地、让灾难登上头条、让死亡降临大地的水……现在它就等在那里——宁静而又平和，随时准备听从人类的召唤，"美国陆军工程兵团电影《命运之水》（*Waters of Destiny*）的旁白声嘶力竭地喊道[177]。"佛罗里达州中部和南部不再是大自然玩弄的对象，不再是天气作弄打趣的丑角！"

将大沼泽地北部改造成甘蔗的海洋，解决奥基乔比湖致命的洪水问题，开辟一条更大的横穿佛罗里达半岛的航道，这个在20世纪中期工程师的绘图板上看起来可能是三赢的方案，但今天站在佛罗里达州中部的角度来看，这个方案正在形成一场史无前例的灾难。

20世纪下半叶，随着房地产开发和农场经营扩张到佛罗里达州曾经桀骜不驯的内陆地区，奥基乔比湖开始接受大量的磷。从20世纪70年代到21世纪初，湖中这种营养物质浓度大约翻了一番[178]。

今天，每年从支流流入奥基乔比湖的磷高达230万磅[179]。生物学家估计，即使减去奥基乔比湖的最大毒藻排出数量，这个数字依旧达到了该湖最大承载量的大约10倍[180]。与全国其他流域一样，流入湖中的大部分磷可以直接追溯到流域内的奶牛场和种植农作物的农民。

但开放式肉牛牧场则是另一回事，而且令人惊讶的是，佛罗里达是一个大的牛仔之乡。美国最大的一些牧场就位于佛罗里达州，比如奥兰多附近的一个牧场，占地30万英亩，面积是曼哈顿的20倍。然而，该州广阔的牧场并不像许多人想象的那样是农业污染危害。

以牧场主韦斯·威廉森（Wes Williamson）为例，他几乎一生都生活在他家位于奥基乔比湖北部面积为10 000英亩的牧场上。悠然自得时，这位60来岁的老人开着一辆福特F系列皮卡在他的牧场上游荡，这辆皮卡很有一些年头了，保险杆上还贴着2012年大选时罗姆尼-瑞安的贴纸*。心旷神怡时，他开着他的那辆北极星四驱越野车深入灌木丛。而春风得意时,他就骑着他那匹名叫布卢（Blue）的夸特马**去赶小牛。我在威廉森最得意的时候见到了他。

他从早上6点就骑在马上，把200头小牛赶进护栏，准备运往州外的育肥地。威廉森解释说，他施用一些磷肥来提高牧场牧草的产量。他还用乙醇工厂废弃的柑橘皮、脱水后的谷物以及棉籽制成的饲料饲喂牛群，增加牛群的营养，所有这些东西都含有磷。但在排放到本流域之外的磷中，他也有份，他指的是当天早些时候运走的数千磅的牲畜粪便。

威廉森说，他还竭尽所能不让牲畜粪便和其他营养物质进入通往奥基乔比湖的溪流中。其中一个做法就是将大约2 500英亩的牧场用作非放牧型湿地来吸收磷。他认为，自己能为奥基乔比湖所做的最好的事情就是让自己的土地继续作为牧场，远离开发商。

---

* 美国共和党总统候选人威拉德·米特·罗姆尼（Willard Mitt Romney）与保罗·瑞安（Paul Ryan）搭档在2012年美国总统选举中挑战总统贝拉克·侯赛因·奥巴马（Barack Hussein Obama）与乔·拜登（Joe Biden），罗姆尼与瑞安二人最终落败。——译者注

** 夸特马是一种优秀的牧牛小型马，擅长短距离奔跑冲刺。——译者注

他告诉我："我们不仅仅是养牛人，我们还是种草的农民。"

1 300 万人口生活在距离他的牧场两小时车程的范围内，而住宅开发正势不可挡地向内陆蔓延。

1960 年，佛罗里达州的居民还不到 500 万。今天，有大约 2 200 万。每天有近千人迁往佛罗里达州，预计该州在未来 10 年还将新增 500 万居民。他们中的许多人将搬到内陆的奥基乔比流域，所有的人类排泄物可能只会加剧该湖的磷问题。

威廉森说，"牧场主把土地卖给开发商后，开发商就会种下最后一茬'庄稼'。那就是房子。"

一个同样令人沮丧的问题是，美国陆军工程兵团为遏制奥基乔比湖洪水而修建的堤坝实际上是一堆杂七杂八的堆砌物而已。

如今这座用来围挡奥基乔比湖，上覆干草、坡度很大，用贝壳碎片、泥土、沙子和石头堆砌而成的砂石堆被称为赫伯特·胡佛堤（Herbert Hoover Dike）。它是在内华达州的胡佛大坝（Hoover Dam）于 1936 年投入运行几十年后才完成的。佛罗里达州的胡佛（堤）是丐版的，它既没有其混凝土表兄（胡佛大坝）所拥有的装饰艺术风格，也没有通过巧妙的设计与建造工艺来承受佛罗里达州恶劣天气的考验。

事实上，胡佛堤的设计高度并没有那么高，那是后来堆上去的。更令人担忧的是，几十年来，该堤（美国陆军工程兵团也称其为"防洪堤"）一直被用于当初设计时并未包括的用途——临时拦水闸，在干旱的年份拦住奥基乔比湖水，为其南部大面积的甘蔗田提供灌溉用水。大坝和防洪堤之间有一个重要区别。防洪堤，就像一堆沙袋一样，是用来在紧急情况下阻挡洪水的。水坝是一种精心设计的混凝土或经过高度密实的泥土结构，用来对水进行持续的阻挡。

要让防洪堤发挥出水坝的功能，就像要用一个纸杯替代咖啡杯一样不切实际。比如说要让纸杯经受住洗碗机的反复冲洗，就好像它是陶瓷的而不是纸浆制成的。

美国陆军工程兵团对30英尺高的胡佛堤的脆弱竟然毫不掩饰，着实让人震惊。现如今，它却是挡在下游数万个佛罗里达家庭和奥基乔比湖之间的唯一屏障。

美国陆军工程兵团在一份报告中承认，“赫伯特·胡佛堤在高水位时的问题可以用两个字来概括，那就是漏水。”[181]

伦敦劳埃德公司（Lloyds of London）的一个风险评估专家小组在卡特里娜飓风之后对胡佛堤进行了勘察[182]，评估其对风暴引发洪水的抵御能力。他们离开这座“自然多孔”的结构时，明显感到担忧，而且担忧的不仅仅是大堤在大风暴中会遭遇漫顶。劳埃德的勘察员预言：“最终，要么是持续作用于大堤挡墙上的水压导致堤坡坍塌，要么是水滴石穿的净效应最终导致堤坡垮塌。”

美国陆军工程兵团正在进行一项耗资17亿美元的项目，用混凝土和钢筋对大堤特别脆弱的部分进行加固。该机构还在重建湖水排放的控制结构，这是最容易被侵蚀的部分。该项目预计到2025年左右才能完成。

同时，美国陆军工程兵团试图采取必要的措施把湖面的海拔高度控制在15.5英尺以下，远远低于大堤顶部30英尺的高度，以此来减轻大堤承受的压力。根据美国陆军工程兵团的计算，如果水位攀升到海拔18.5英尺以上，大堤就会进入决堤的警戒范围。如果水位达到21英尺，虽然仍远远低于堤顶，也“很有可能”发生坍塌，而且会在几乎没有预警或是根本没有预警的情况下发生。在所有有历史记录的年份里，水位达到这一高度的概率是1%，但这丝毫不会让人感到宽慰。

美国陆军工程兵团坦言，“有40 000人生活在受赫伯特·胡佛堤保护的社区里，他们遭受痛苦和损失的可能性十分巨大。”[183]

就像美国内战时部队在战斗前将炮弹堆放成金字塔一样，美国陆军工程兵团的工作人员将巨大的岩石和不同大小的石块堆放在大堤顶部重要的位置，以备突然出现裂缝漏水时紧急堵漏之用。由于湖水可能会突然上升，特别是在飓风季节，美国陆军工程兵团有一个惯例，即在仲夏期间打开堤上的一组防洪闸门，在湖水水位还没有到警戒水位之前，就将湖水排放到大西洋和墨西哥湾沿岸。

这种放水并非泄洪所需，美国陆军工程兵团需要在夏末飓风多发季到来之前，大幅降低湖水水位，留出大量的空间来容纳飓风季的降水。

这是一场美国陆军工程兵团最终可能会输的轮盘赌。排入奥基乔比湖的流域面积非常广阔，大约为 4 400 平方英里，比湖面本身大 6 倍多。这是一个根本性的问题。承载面积如此广阔区域上的排水，意味着奥基乔比湖的水流入量可能远大于为泄洪而修建的人工运河的流出量。当大的风暴接连袭来时，湖水在一个月内就可以上升 4 英尺之多[184]。因此，即使多雨的天气只有几周时间，湖水也会从安全的低水位上涨到危险范围。

假如奥基乔比湖和大沼泽地北部还处于原始的自然状态，那就不会有人在湖水泛区生活和耕作。现在被围困在大堤后面助长藻类生长的相当一部分磷，反而会溢出该湖南边的天然岸线，被有着类似肾脏功能的大沼泽地吸收。从奥基乔比湖流出穿过沼泽地后还未被吸收的淡水藻华会涌入佛罗里达州人烟稀少的南端，在那里藻块被海浪击碎，并最终被海水杀死。

当然，奥基乔比湖早已不是自然状态了，现在美国陆军工程兵团正试图通过修建工程设施来摆脱其最初的“窘境”。

耗资数十亿美元的大沼泽地恢复项目正在进行中。其中一个项目由联邦政府和佛罗里达州共同出资，计划斥资 30 亿美元在奥基乔比湖南部开挖一个巨型水库，用以收集奥基乔比湖富含磷和被藻类污染的溢流，然后再缓慢、平稳地将这些水释放到大沼泽地。目前奥基乔比湖受到污染的水流顺着运河被分流到佛罗里达州人口稠密的海岸。该项目建成后将减少或摒弃上述做法。但是，它还没有得到资金支持，即使资金到位了，也可能10年或10多年都无法完工。

因此，在可预见的未来，无论湖水的污染程度如何，还会继续通过奥基乔比湖向佛罗里达州的海岸地区排放受到污染的水，而且湖水的污染程度可能会极其严重。

2018年仲夏的一天，面积为730平方英里的奥基乔比湖有90%的湖面上覆盖了一层黏稠的蓝绿藻，其密度足以让犰狳蹒跚而过。当时的湖水水位距离漫堤尚远，但美国陆军工程兵团还是打开了闸门，将这些臭气熏天的水排入了流向墨西哥湾的卡卢瑟哈奇河（Caloosahatchee River）和流向大西洋的圣露西河（St. Lucie River）的运河之中。

佛罗里达州州长指责美国陆军工程兵团管理不善，因为他们以这种方式将奥基乔比湖的毒水排放出去，不仅威胁到水生生物，而且还威胁到生活在运河下游、河道沿岸和海岸线上的人们，这些地方均遭受到了淤泥的影响。美国陆军工程兵团坚持认为，他们需要将湖水保持在低位，以防严重的暴风雨季节来袭，所以在这个问题上别无他选。

但事实并非如此。

2018年夏天，正逢奥基乔比湖污染排放的高峰期，恰好时任州长里克·斯科特（Rick Scott）几天前刚刚宣布进入藻类污染紧急状态，我来到了佛罗里达州。我的第一站是迈尔斯堡，与全国河流守护者保护组织（national Riverkeeper conservation organization）当地分会的负责人约翰·卡萨尼会面。

我希望能和他一起乘船前往卡卢瑟哈奇河看看，这条河接纳来自奥基乔比的运河水流，然后将其排入墨西哥湾。我想亲眼看看这些藻华，当卡萨尼脚蹬船鞋身着长袖防晒衣到来时，我受到了鼓舞。他看起来已经准备好出航了。然后他告诉我，他不打算去河里——不会和我去，也不会和任何人一起去。事实上，他愿意去的离水最近的地方是迈尔斯堡 75 号州际公路上的一家克拉克・巴雷尔（Cracker Barrel）门店*。

几周前，当夏季奥基乔比湖的第一批有毒藻类沿着卡卢瑟哈奇河顺流而下时，卡萨尼急切地带着记者到河面上，解释造成此类非自然灾害的起因。在过去 4 年中有 3 年都发生了这类灾害。但很快，他就被藻类腐烂后散发出的臭气熏得肺部灼痛、眼睛发痒、干咳不止。他形容这种恶臭“有点像婴儿尿布和发霉面包混在一起的气味”。他的这些症状与其说是臭味引起的，不如说是他的身体已经开始对臭味产生的反应。他说：“我开始干呕，想吐。”

蓝绿藻藻华开始腐烂时特别危险，因为它们携带的毒素会随着单个细胞壁的解体而释放出来。随着 2018 年灾情的爆发，臭气越来越刺鼻，卡萨尼住在奥基乔比湖分支运河边上的一位同事，不得不搬家。“他无法和家人待在一起，”卡萨尼告诉我。“那里不安全。”

卡萨尼解释说，他已经预料到奥基乔比湖在夏末会出现藻类问题，但 2018 年有所不同。夏季开始后不到两周，第一批有毒的藻华就抵达了迈尔斯堡。卡萨尼不得不相信，他的家乡正在走向一种新常态，那就是，在夏季的大部分时间里，沿海水域可能都是禁区。

“这就是让每个人都抓狂的原因。太早了。”他告诉我，他在克拉克・巴雷尔餐厅闷闷不乐地拿起一个什锦水果杯，背对着一面装饰着

---

* 克拉克・巴雷尔是一家美国家庭口味连锁餐馆和乡村风格家庭用品饰品连锁店的上市公司。——译者注

旧式渔具和黑白捕鱼探险照片的墙。

餐厅收银台附近的天花板上挂着一只老式便盆——显然，克拉克·巴雷尔是想唤起旧时代乡村商店（Old Tyme country store）的那种氛围。在20世纪上半叶，你可能真的会在迈尔斯堡找到这样的商店，那时清澈的卡卢瑟哈奇河从佛罗里达州内陆流向海岸，那时的迈尔斯堡加上周围的利县（Lee County）的人口总共还不到25 000人。今天，这里的人口已接近75万。人口学家预测，未来20年，这里的居民数量可能会再翻一番。

卡萨尼对着便盆笑了笑。以粪便为灵感的装饰可能并不完全适合餐厅，但他发现这整体上很适合佛罗里达州，因为该州到处都是无法处理的垃圾。即便如此，卡萨尼指出，该州最近通过了一项法律，将环境监管机构规定的奥基乔比湖中磷负荷量降至安全水平的时限又延长了20年。

他解释说，佛罗里达州在水质保护方面实际上正在倒退，与此同时，该州居民却不断地被水中释放的有毒雾气呛到。

“事情彻底搞砸了，彻底搞砸了，”卡萨尼说。

而蓝绿藻并不是墨西哥湾沿岸唯一的藻类问题。人们担心磷可能也是造成墨西哥湾沿岸赤潮汹涌的一个因素，尽管这些咸水藻华在几个世纪以前就有记录，而且科学家们注意到导致赤潮的藻类暴发从远离海岸40英里的地方就有了[185]——这很大程度上超出了沿海富含营养的污染物所能及的范围。然而，随着藻类向海岸方向的缓缓漂移，肥料污染，特别是氮元素，可能会使铁锈色藻类成片出现的情况加剧。

我在克拉克·巴雷尔门店告别卡萨尼，驱车前往附近卡卢瑟哈奇河巨大的入海口，那里是它流入墨西哥湾的地方。曾经成为全国头条新闻、黏稠藻类所形成的垫子在一两天前就已经破裂了，但玻璃球大小的藻球依然在河面之下缓缓漂移，河面上有许多沉渣泛起，黑得像咖啡一样。水面上一条船也没有。

我转头前往内陆的奥基乔比湖，在湖以北约半英里处一家贝斯特韦斯特酒店（Best Western）的停车场里，我遇到了佛罗里达奥杜邦学会*（Florida Audubon）的生物学家保罗·格雷（Paul Gray）。他想告诉我的第一件事是，我们正站在原来的湖床上。今天，由于大堤抬高了湖的水位，但缩小了它的面积，一个欣欣向荣的州所应该具备的各种大型商业体在奥基乔比湖北边曾经的湖底和湿地上拔地而起——有一家家得宝（Home Depot）、一家沃尔玛（Walmart）、一家帕博利斯杂货店（Publix grocery store），还有一个机场。

这个地方，也就是现在的麦当劳（McDonald's）停车场以东一点的位置，正是1837年圣诞节扎卡里·泰勒上校（Colonel Zachary Taylor）率领大约1 000名士兵抵达的湖北岸。这位未来的美国总统随后命令132名密苏里志愿军（Missouri Volunteers）向自己部队的驻地和奥基乔比开阔水域之间的一块高地上扎营的数百名塞米诺尔人（Seminoles）发起进攻。在第二次塞米诺尔战争**的关键战役中，泰勒有足够的兵力和马匹来包围敌人，但他却命令他的部队步行穿过齐腰深的泥浆从正面进攻。塞米诺尔人利用他们的居高临下优势，几乎杀死了所有的军官，然后消失在高高的草丛之中。

双方后来都宣称取得了胜利，但泰勒的士兵遭受的伤亡要大得多。造成这种一边倒情况的原因之一就是塞米诺尔人早就学会了与沼泽共存，而不是与之对抗。这是美国陆军——更确切地说，是美国陆军工程兵团——显然还没有领悟到的一个教训。

---

* 美国奥杜邦学会（The National Audubon Society）是一家专注于自然保育的非营利性民间环保组织，这家机构以美国著名画家、博物学家奥杜邦的名字命名。——译者注

** 又称佛罗里达战争，是美国原住民印第安人为反抗白人的欺压掠夺政策而进行的斗争，最终以失败告终。——译者注

格雷想让我亲眼看看，70年前设计的灌溉和水管理系统曾将数十万英亩沼泽改造为农田，让佛罗里达州南部的大片土地免遭洪水之灾，现如今却瓦解冰泮，残破不堪。“这就像我们在开一辆20世纪40年代的汽车，”他开着他的普锐斯穿过现在是州立公园的塞米诺尔战场时，对我说道，“要修复它就要花费数十亿美元。”

迄今为止，几十亿美元是佛罗里达州的政客们所不愿支出的。

我们的第一站是奥基乔比湖的东部运河口，湖水顺着运河通过防洪闸门，向东流经大约30英里处的斯图尔特市，最终汇入圣露西河。在我到达的前几天，美国陆军工程兵团已经通过那些防洪闸门每天排放近20亿加仑受蓝绿藻污染的湖水，另外每天还有30亿加仑流入湖另一边通往迈尔斯堡的运河。

我们站在大堤上，低头凝视着黏稠得像鳄梨酱一样的绿“水”。他说，“如果我是陆军工程兵团，我也会这么做。大堤都要决堤了，你还能以环保主义者的名义去阻止放水吗？”

微风徐徐，吹起了藻类的气味，乍一闻起来像新割的草。随后，我的胸口开始出现一阵灼热，我们沿着湖岸行走时，我开始咳嗽起来。我怀疑这可能都是我的错觉，但我的肺肯定有一些问题：咳嗽持续了好几天。

格雷是土生土长的密苏里人，保护生物学博士，20世纪80年代，当时还在读研究生的他来到佛罗里达州，这个地方吸引住了他。之前他可从未想过会在此永久居住。他说：“我是在北美大草原上长大的，但我从来都不知道草原是什么样子，因为在我出生的时候，那里就只有玉米地了，”随后他又说，如果他想知道那片早已消失的大草原是什么样的，就只有在画作上看看的份儿了。或者他可以去密苏里州的草原州立公园旅行一趟。一个士气昂扬的牛仔骑马穿过那片草地要花10

分钟左右的时间。

他想告诉我的是，从某种程度上讲，密苏里州已经被驯服，而佛罗里达州中部还没有。

佛罗里达人可能已经将其北部大沼泽地近 50 万英亩土地改造成了一望无际的甘蔗田，一路堵塞了奥基乔比湖季节性的自然溢流，但半岛中部仍然是美国本土 48 个州中野生动物最多、荒野特色最明显的地方之一。

格雷指的是，尽管夏季有藻类暴发，但仍有令人眼花缭乱的各色物种以奥基乔比湖为家。有成千上万的涉禽——雪鹭、大蓝鹭和黑头鹮鹳。湖面上的天空中各类野鸭——潜水鸭、浮水鸭、林鸳鸯和北美斑鸭——排空而至，浩浩荡荡。在同一片天空中，贪婪的橙喙蜗鸢振翅翱翔，这种濒临灭绝的猛禽赖以生存的福寿螺则在水面下安然自得。湖边的沼泽地里到处都是青蛙、乌龟、蛇、蜥蜴和短吻鳄。水獭在满是西鲱、蓝鳃太阳鱼与黑斑刺盖太阳鱼、鳝鱼、太阳鱼和北美吸口鱼的水域潜形匿迹。

除此之外，可怕的天气仍然在佛罗里达州肆虐，美国陆军工程兵团仍然在竭尽全力解决这个长期存在的难题。

美国陆军工程兵团将另一波有毒藻类从佛罗里达州的内陆输送到人口稠密的海岸地区，这种做法让格雷感到很痛心，但他也说，如果只有通过把奥基乔比湖的水引向东西海岸才能防止大堤崩溃，只要湖水中的磷含量持续过度饱和，就可以预见，夏季佛罗里达州沿岸肯定会出现有毒藻类。

他解释说，即使明天就停止所有的磷排放，湖底还是会有大量的磷堆积，并随着排入湖中的土壤硬化而渗进土壤之中，奥基乔比的湖水可能需要几十年才能恢复。与此同时，过量使用营养物质的情况仍在持续。

“我们一边不停地排入更多的磷，一边又一直在期望水质会变得更好。这是幼儿园小朋友都不会相信的事情，但我们大家却似乎都相信。”格雷说。“我们每天都在期待情况变好，而实际上情况却每况愈下。”

一架无人机在头顶上嗡嗡作响，在空中沿着奥基乔比湖岸线飞着，显然是在拍摄流向斯图尔特的蓝绿藻团块。放眼望去，格雷怎么也看不到驾驶员，他开玩笑说，不管操纵飞机的是谁，此刻他可能正坐在斯图尔特家中舒适的客厅里呢。这并不那么牵强，因为这座小城位于奥基乔比湖下游、西棕榈滩（West Palm Beach）以北约40英里的地方，此刻小城居民正遭受着藻华入侵之苦。

驱车向东不到一小时，河流联盟（Rivers Coalition）的月度例会正在举行，这是一个由大西洋沿岸居民组成的庞大团体，要求阻止有毒运河河水的流动。在斯图尔特市政厅的这场聚会以效忠宣誓开始，然后与会者介绍了自己和所代表的机构，每个人介绍完之后都有礼节性的零星掌声。共和党参议员马尔科·鲁比奥（Marco Rubio）办公室的一名代表出席了会议，共和党国会议员布莱恩·马斯特（Brian Mast）的代表也出席了会议。参会的还有一位来自美国女性选民联盟（League of Women Voters）的女士和一位在竞选州政府职位的高中教师。一些与会者代表业主协会。有两个人是游艇俱乐部的代表。一个钓鱼俱乐部、一个帆船俱乐部和一个划船俱乐部都有代表，还有一个马丁县农业局（Martin County Farm Bureau）的成员。有一个人说自己只是一个“暴跳如雷的居民”。他获得的掌声可能是最热烈的。

河流联盟的斗争重点是要迫使美国陆军工程兵团让奥基乔比湖水沿着自然水道向南更多地流向大沼泽地，而不是将其分流到通向海岸的运河中。如果甘蔗种植还在继续，用以容纳奥基乔比湖溢流的水库还没有建成（这个项目已经搁置了 10 多年），这个要求就无法满足。

因此，奥基乔比湖的苦难还会继续，这种情况长期存在，一直消磨着环保主义者的热情，数百万业主和游客很少到过离海岸线 5 英里的内陆地区，基本上也是抱着眼不见心不烦的心态。现在这种情况正在改变，因为佛罗里达人意识到，奥基乔比湖这个液体心脏的健康与该州豪华的滨海社区的健康、沿海渔业的健康以及他们自己和孩子的健康息息相关。

与会者中有一位是《佛罗里达运动员》（*Florida Sportsman*）杂志的出版人布莱尔·威克斯特龙（Blair Wickstrom）。藻类迫使他搬离了他那间 6 000 多平方英尺的办公室。这间办公室就在斯图尔特污染最为严重的运河边上，运河里有一堆腐烂的蓝绿藻。蓝绿藻也被称为蓝细菌，堆积得很高，看起来就像是你可以在上面滚保龄球。结壳的黏稠物质已经开始变成碧绿色——这是蓝细菌细胞正在死亡并向水里和空气中释放毒素的明显迹象。

威克斯特龙在他的办公室门上留下了一个标牌：办公室关闭——藻类雾气有毒。他出现在河流联盟的会议上，眼睛红得像个抬棺人，他说他胃痛得很厉害，连着三天他除了图姆斯（Tums）抗胃酸剂之外什么也吃不下。他把有毒藻类的大量繁殖与 1969 年克利夫兰（Cleveland）的凯霍加河（Cuyahoga River）大火相提并论，据说那场大火激起了公愤，最终加速了《清洁水法》的立法过程。他告诉我，“这并不是说我很高兴我们这里有有毒的水，但是因为它我们受到了关注。如果它只是杀死鸟类、鱼类、螃蟹和海牛，那我们就不会得到这种关注。”

困扰斯图尔特的蓝细菌被称为微囊藻（Microcystis），与导致密西西比海滩关闭的是同一种东西。对于暴露在蓝细菌藻华雾气中的人来说，喉咙痛并不罕见，短时间接触这些藻华雾气还会引发呕吐、干咳、肺炎和腹痛等疾病。

更可怕的是，长时间接触藻华雾气引发的一些健康问题有可能在几十年后才会显现出来。

多年持续接触微囊藻产生的毒素，即微囊藻毒素，可能会引发非酒精性肝病甚至肝癌，然而达特茅斯学院（Dartmouth）的神经学家伊莱贾·施托梅尔（Elijah Stommel）有着更大的担忧。他专门研究肌萎缩性侧索硬化症，这种病也被称为卢·格里克症（Lou Gehrig's disease），或简称ALS。这种可怕的病症攻击大脑和脊髓中控制随意肌的运动神经元。死亡几乎是这种病的最终结局，一般发生在发病后几年内，由呼吸衰竭引起。患者主诉的一般症状有呼吸急促、口齿不清、吞咽困难、肌肉痉挛、四肢抽搐或麻木等。

这种疾病虽不常见，但也并不罕见。施托梅尔发现，即使在人口稀少的新罕布什尔州，每隔几周就会有患者死于这种疾病。患者人数竟然如此之多，于是，2008年他决定绘制病人的居住地分布图。

肌萎缩性侧索硬化症最让人惶恐的是，发病似乎具有极大的随机性。研究人员估计，5%～10%的肌萎缩性侧索硬化症患者与基因有关，因为已经有证明证实这种疾病偶有家族遗传。但是对于大多数患者来说，并没有明显的遗传关联，研究人员认为这种疾病（至少在某种程度上）可能是由某种环境诱因引起的，这种诱因可能是一种（或多种）隐秘毒素，具体有待最终确定。施托梅尔正在寻找这种毒素，因此，几年前他便开始让他的几个学生在谷歌地球程序上标示患者的住址，寻找可能的环境因素。

施托梅尔说，“我想看看他们住在哪里，可能会暴露在什么环境中，我注意到许多人住在麦斯科玛湖（Mascoma Lake）周围。”这个湖泊位于新罕布什尔州西部，长约4英里，宽约半英里，很容易暴发微囊藻藻华。新罕布什尔州的恩菲尔德（Enfield）小镇就坐落在湖边，人口不到 5 000 人。

肌萎缩侧索硬化症通常每 10 万人中会有 2 个人发病，然而施托梅尔发现，仅在 2008 年，他就有 9 个病人住在这同一个小镇。施托梅尔说，对一个仅有 5 000 人的小镇来说，这个病的发病率似乎较通常情况高出了大约 25 倍。当然发病率奇高也可能只是统计学上的一个异常现象。尽管如此，这些数字还是让施托梅尔想到了夏季湖中的蓝细菌大量繁殖，也让他想到了……关岛（Guam）。

20 世纪 50 年代，研究人员发现，在被称为查莫罗人（Chamorros）的关岛原住民中有一种发病率极高、类似肌萎缩侧索硬化症的疾病。此后，人们就开始对这座位于西太平洋的美属岛屿进行深入研究。这些岛民罹患这种疾病的比例是预期的 100 倍[186]。科学家们认为，对此次疾病暴发的研究可能会让他们找到肌萎缩侧索硬化症的环境诱因。于是他们来到关岛，并迅速将关注点放到了查莫罗人的饮食上。查莫罗人的饮食主要是一种面饼，用岛上类似于棕榈的苏铁树种子碾成粉制作而成，苏铁树种子有李子般大小。

研究人员分析了苏铁的种子，发现其中含有大量的被称为 β－甲基氨基－L－丙氨酸（BMAA）的氨基酸。实验室实验表明，这种氨基酸会破坏培养皿中的神经细胞。但在实验中给大鼠喂食从苏铁种子中分离的 BMAA 后，科学家计算出人类需要吃下数千磅苏铁种子做的面饼才可能会造成神经损伤。

BMAA－大脑疾病假说在 20 世纪 70 年代逐渐被人遗忘，但在 21 世纪初又重新进入公众的视野，这要归功于一位哈佛大学毕业的民族植物学家。他提出了 BMAA 损伤关岛人大脑的不同途径。在与查莫罗人相处了很长时间后，他了解到查莫罗人长期以来一直以巨大的“狐蝠”为食，第二次世界大战后的几十年里，由于过度捕猎，狐蝠的数量骤减，人们这一饮食习惯才发生改变。事实证明，这些蝙蝠以苏铁的种子为食。这位植物学家推断，随着时间的推移，BMAA 在蝙蝠大脑中积累的浓度远远超过了种子本身的浓度。他推测，当整只蝙蝠（头与全身）放入椰奶中炖食时，可能会释放出大量的 BMAA 毒素，足以损伤那些常食者的大脑或是在这个损伤过程中发挥作用。

此外，他还深入研究了苏铁树的根部，发现其中含有蓝细菌，而这些蓝细菌恰好富含 BMAA。

他与著名神经学家兼作家奥利弗·萨克斯（Oliver Sacks）合作在《斯堪的纳维亚神经学学报》（*Acta Neurologica Scandinavia*）上发表了一篇文章，揭示了这种疾病可能的病理机制：BMAA 毒素进入苏铁种子，然后进入蝙蝠体内，之后再进入蝙蝠食用者的体内。这并不是说，有人吃了一碗有毒的蝙蝠炖肉，第二天或是第二年就会得肌萎缩性侧索硬化症。这是一个缓慢的过程，需要几十年的时间才能显现出来，这也可以解释为什么关岛的发病率在最近几十年里随着蝙蝠数量的减少而下降。

该理论受到了许多医学界人士的极大怀疑，但在那篇期刊论文发表后的近 20 年里，蝙蝠 BMAA 假说已经获得了一些认可——但还远远谈不上是普遍认可。

佛罗里达州迈阿密大学（University of Miami）的海洋生物学和生态学教授拉里·布兰德（Larry Brand）就是这个理论的支持者。他告诉我说，“我第一次读到这些有关蝙蝠的材料时，我想，这是发生在关岛的一件怪异、孤立和不幸的事件。”然后他和一位神经学家同事进行了交谈，这位神经学家是该校“脑库”（brain bank）的负责人，这个“脑库”是美国国家卫生研究院（National Institutes of Health）设立的 6 个生物数据库之一，旨在收集遗体捐赠者的大脑，用于神经系统疾病和其他疾病的研究。事实证明，这位神经学家曾在一些罹患肌萎缩侧索硬化症和阿尔茨海默氏症的遗体捐赠者大脑中寻找 BMAA，最终她发现了 BMAA。

布兰德说，“在这一点上，我在想这不仅仅是一个关岛蝙蝠的问题。”毕竟，关岛的 BMAA 被认为是来自附着在苏铁根部的蓝细菌。但是佛罗里达州由于长期的藻类大量繁殖，也有大量的蓝细菌。于是，布兰德于 2010 年前去调查，看看那些越来越多的藻华是否也在释放 BMAA。他发现在南佛罗里达周围的水域中这种毒素确实大量存在。

他说，“我在食物链中发现了高浓度的 BMAA，就是在虾、螃蟹和像鲀鱼这样的底栖鱼类中发现的。你会发现这些虾和螃蟹中 BMAA 的浓度和关岛的蝙蝠一样高，有时是关岛蝙蝠体内 BMAA 浓度的两倍。”

2020 年，迈阿密大学研究了在海滩搁浅死亡的海豚。分析表明，海豚大脑中 BMAA 含量与迈阿密脑库中罹患肌萎缩侧索硬化症遗体捐赠者大脑中 BMAA 的水平相当。这些海豚并不是为了这项实验而杀的；它们是在海滩上收集到的尸体。在检测过的 13 只海豚中，有 12 只的大脑中含有 BMAA。那只没有检测出 BMAA 的海豚死于船用马达的螺旋桨。

那么，这一切对那些可能通过海鲜、饮用水或甚至吸入由风浪吹卷到空气中的 BMAA 的人类意味着什么呢？没有人去预测生活在佛罗里达半岛或其他地方的人们会突然开始患上肌萎缩侧索硬化症，但一些科学家开始怀疑在未来几年或几十年内，特别是随着藻华强度不断增加，是否会出现此类病例激增的情况。

尽管如此，很多科学家还是认为，施托梅尔在新英格兰湖区的研究只是统计学上一个小小的机缘巧合，一个混淆了相关性和因果关系的教科书级的范例。施托梅尔明确表示，他并不是想让人们相信，如果住在经常暴发蓝绿藻的湖泊附近，就会患病而死。但这可能是一组高度复杂的致病综合体中的一个诱因，在这组治病综合体中包括一种或多种环境毒素、遗传因素、生活方式，甚至只是简单的运气不佳。

他说，“不是每个住在（有毒藻类大量繁殖的）湖边的人都会患上肌萎缩侧索硬化症，也不是每个在关岛吃果蝠*的人都会罹患这种病。但是如果你恰好有这种遗传倾向，患病的可能性就更大。这就像吸烟和肺癌的关系，但不是每个吸烟的人都会得肺癌。”

托德·米勒（Todd Miller）是威斯康星大学密尔沃基分校（University of Wisconsin-Milwaukee）的一名研究人员，他专注于蓝细菌藻华的毒性研究。在谈到藻华可能以某种方式成为肌萎缩侧索硬化症的诱发因素这一观点时，他委婉地表示，这一观点“极具争议性”。

他说，“我并不怀疑他们在海豚和其他生物群中检测到了BMAA。我确实认为，毒素需要积累到一定的量才会引起神经退行性病变，但是这个量是多少，仍然没有定论。”

虽然关于蓝细菌与肌萎缩侧索硬化症之间关系的研究仍然存在激烈的争议，但毋庸置疑，持续过量流入奥基乔比湖的磷元素将导致毒藻华频发，同时可能引发健康问题。

在前往斯图尔特期间，我拜访了汤姆·楚布尔（Tom Cubr），他是一家船坞与船只经销商的销售员，他销售的产品从10万美元的休闲渔船到400万美元的游艇，可以说应有尽有。楚布尔说，肆虐的藻类大量繁殖对他的生意来说犹如梦魇，但他担心的不仅仅是销售下滑。他为自己的健康担忧，他说他几天前开始喉咙痛，起初他觉得没什么，后来他才意识到，办公室外运河上的藻类雾气可能是病因所在。他说，“我以为这是我的想象，其实不是。”

他解释说，2016年类似的蓝细菌暴发不仅赶跑了购船者，也损害了“世界旗鱼之都”斯图尔特作为钓鱼和游艇目的地的声誉。他说，

* 果蝠是狐蝠科的一种，西太平洋岛屿上分布的多为背囊果蝠（Notopteris macdonaldi），有着较长的尾巴，这一点不同于其他果蝠。——译者注

那一年，圣露西河河口有几个星期似乎根本不见鱼的踪影，后来大风、海浪和潮汐最终把有毒的藻类团块拉到了海里。

他说，“两个月后，鱼回来了，随后鼠海豚也回来了，海鸥也回来了。大自然母亲，她做了一项了不起的自我清理工作。但她能做多少次呢？”

楚布尔指出，在他办公室窗外，码头上清洗船只的工人已经开始佩戴玻璃纤维工人使用的那种呼吸器。他们还戴上了防护眼镜和橡胶手套。他摇摇头，告诉我，他那天早上刚听说美国陆军工程兵团即将开始加大向斯图尔特排放奥基乔比湖受污染湖水的流量。

他告诉我，“我从不认为自己是一个环保主义者，但你不一定非要成为环保主义者，才能明白这样做是错的，这件事需要解决。”

第三部分

磷的未来

第 9 章

不要浪费

早在磷元素在环境中的流动遭到破坏之前，磷交换的微妙平衡已经存在了数十亿年。伴随着海洋中生命体的出现，最初从凝固的地球岩浆中缓缓流出进入生物世界的磷原子，成为第一批单细胞生物的基石。随着越来越多的磷元素从这些火成岩中逸出，更多的生命以及更复杂的生命形式在整个地球上大量出现，首先是在海洋中，最后是在陆地上。陆地上的岩石和海洋中的岩石一样，受到侵蚀之后浸出了所有生物所必需的宝贵的微量元素。

生命必需的磷原子在陆地和海洋之间不停地循环。地表上的一些磷元素随着土壤或其死亡宿主生物体被冲刷进河流、湖泊和海洋之中，在那里它可以自由地在水生食物网中不断地循环往复。

水性磷元素有时会朝相反的方向流动，因为藻类会被冲上岸，其所含的磷被陆生植物吸收。有时，磷会随着滨海支流中大规模鱼类洄游进入内陆，在那里产卵的鱼很容易成为各种陆生食腐动物和捕食者的目标。

无论是在水中，还是在陆地上，或者在水陆两者之间的转换，释放出来的磷原子开始了一个永恒的生死循环过程，这是人类自古以来凭直觉所感受到的一种动态；它是《圣经》中源于尘土又归于尘土*这一信念的实际体现。或者，正如约尼·米切尔（Joni Mitchell）所唱的那样：我们是“星尘”。（事实上，有证据表明，地球上的一些磷可能是由陨石带来的[187]。）

一些磷元素终结于死亡的生物体中，并坠入了无生机的深海宇宙，但是，风化的岩石会稳定释放出磷元素，补充了流失的磷元素。

当然，这算不上是一个完美的平衡，因为一个磷原子是流失到了洋底，一个磷原子是在火成岩风化过程中释放出来的。但是几年前由美国国家航空航天局（NASA）资助的一项研究表明，地球上磷元素的自然循环过程在受到人类操控之前，各个环节都严丝合缝，协调顺畅。研究人员利用卫星数据分析了从撒哈拉沙漠滚滚而来的沙尘云中的磷含量，这些沙尘云穿过大西洋向西飘向亚马孙丛林。这是一股喷射急流打造的纽带，将这个星球上最干燥的地方与最青翠的地方联结在一起，而颇为神奇的是，这块青翠的地方恰好还缺乏磷元素。

美国国家航空航天局的报告称，“商品肥料中具有的营养物质恰好是亚马孙流域土壤所缺乏的，这些营养物质都被锁在了植物体内，凋敝腐烂的树叶和有机物提供了大部分的营养物质，这些营养物质在进入土壤后迅速被植物和树木吸收。但是包括磷元素在内的一些营养物质被降雨冲进亚马孙流域的小溪与河流，而亚马孙流域就像是一个漏水的浴缸，缓缓地将这些营养物质排了出去。”[188]

通过计算沙尘云的体积，然后分析飘过大西洋的尘埃的成分，研

* 源自《圣经·创世纪》（Genesis, 3:19, New International Version）：“In the sweat of thy face shalt thou eat bread, till thou return unto the ground; for out of it wast thou taken: for dust thou art, and unto dust shalt thou return.”它描述了上帝对亚当和夏娃的诅咒，强调了人类的有限性和生命的脆弱性，提醒人们要珍惜生命、反思自身的行为和追求有意义的存在。——译者注

究人员随后就可以估算出非洲每年自然输送给亚马孙的磷量，这个量多达约 22 000 吨。那么亚马孙每年因侵蚀和洪水而流失的磷有多少吨呢？根据美国国家航空航天局的研究，这个量与每年从非洲获得的量大致相当。

这项研究只考察了 7 年的沙尘输送情况，而且每年输送的沙尘量也各不相同，但非洲沙漠和南美丛林之间的磷链条显然让科学家们惊叹不已。该研究的主要作者、马里兰大学（University of Maryland）的于洪彬（Hongbin Yu）总结道："这个世界很小，我们都是联系在一起的。"

在过去的 200 年里，人类打破了由磷所维系的生命循环，取而代之的是一条从矿山到农场再到水体的直线，结果，这些水域受到有毒藻类的污染越来越严重。

但是，我们可以采取一些措施，将部分引发祸端的磷拉回到农业循环中，这样不仅可以抑制不断增长的藻类暴发，还可以延长地球磷储量的预期使用年限。

要知道在开采、提炼和运输过程中损耗的磷非常多[189]，高达 50%。还有在作物吸收之前因水土流失而损失的磷，更不用说丢弃食物所浪费的磷了。

澳大利亚食品可持续发展专家达娜·科德尔（Dana Cordell）对磷供应的未来进行了开创性的研究。她说，"我们浪费了大约 80% 专门用于食品生产的磷酸盐[190]。从采矿到农耕，再到食物生产与消费，磷酸盐在各个阶段都有损耗。"

虽说大量的磷确实进入玉米秸秆，之后进入奶牛体内，然后进入我们的肉类和乳制品，但最终仍会成为粪肥渗出农田，或变成富含磷的人类排泄物进入河流、湖泊和海洋。

这些问题都可以解决，比如联邦政府颁布的乙醇强制令所造成的严重危害。即便是没有其他原因，只从电动汽车销量飙升这一件事来看，这条法令可能已经时日无多了，至少从目前看来是如此。但是，我们不应该等待市场来解决这种产品所造成的混乱。事实证明，这种产品最强大的再生特性源自艾奥瓦州每4年举行的总统候选人竞选活动给予的强力助推。

事实证明，生物燃料游说团体实在是太过强大，它甚至让地球上最有影响力的环保主义者阿尔·戈尔（Al Gore）开始妥协，他曾经是联邦乙醇补贴的忠实拥趸[191]。这位《难以忽视的真相》（*An Inconvenient Truth*）一书的作者坦言："我之所以犯这个错误，其中的一个的原因是我……对艾奥瓦州的农民抱有一定的好感，因为我就要竞选总统了。"

一个显而易见的补救措施是将艾奥瓦州重新列入总统竞选日程——民主党在2022年出于其他原因开始考虑这一举措。

虽然长期污染、肆意浪费和考虑不周的政策所造成的局面可能会令人痛心，但这种情况以前也发生过。

半个世纪前，具有开创精神的生态学家戴维·申德勒抓起他的35毫米相机，爬上一架带气泡式座舱的直升机，轰隆隆地飞向加拿大的荒野，拍下了他在那个偏远的湖泊中故意投放过量的磷肥后的照片。

这张照片上，湖面一片瘆人的绿色，申德勒由此得出确凿证据，即含磷洗涤剂是20世纪中期肆虐伊利湖以及整个北美大陆淡水水域的藻类暴发的幕后黑手。申德勒对此坚信不疑，公众很快做出最终抉择，他们认为，为了更白更亮的衬衫和床单而把水搞得污浊不堪，代价太过高昂。在20世纪70年代和80年代，洗涤剂中不再使用磷，或是用量大幅减少，在10多年的时间里，美国的藻类问题显著减少。

虽然现今磷出现了更令人担忧的情况，但并非毫无希望。

申德勒于2021年去世，享年80岁。就在他去世前不久，他对我说，这一次在北美大陆以及世界各地出现的新一轮有毒藻类暴发不会那么容易解决，因为暴发的范围已经扩大，而且情况更加复杂。

申德勒解释说，20世纪70年代，只有为数不多的几家洗涤剂制造商需要改变他们的经营方式。今天，单单是在美国，磷难题中涉事农场就多达大约200万个[192]，占美国本土48个州大约40%的土地。他还说，当前农业污染问题的威胁不断加剧，原因在于农田土壤中存在大量的“残留”磷，这是由于过去几十年里磷肥施用过量造成的，那个年代谈到施肥时，农业专家就会对农民说“多多益善”。这些已经处于磷饱和状态的土壤，以后还会不断浸出多余的磷。但申德勒坚持认为，这并不是说，我们不应该开始让科学来再次指导我们解决他仍然认为是可以解决的问题。

“我们要做好准备，采取非常严厉的限制措施，限制磷的施用以及会助长径流的土地利用，但同时也要有耐心，”申德勒告诉我。“这不会在短短几年之内发生。其实，耐心这个因素恰恰总是会妨碍事情的发展，因为出于某种原因，人们用了50年的时间把一个湖泊搞得一塌糊涂，但却期望在几年内就能够修复它。这做不到。”

詹姆斯·埃尔瑟（James Elser）是蒙大拿大学（University of Montana）的生态学家和亚利桑那州立大学（Arizona State University）磷可持续发展联盟（Sustainable Phosphorus Alliance）的主任。他的团队和一些研究人员以及化肥制造商、农作物种植者、奶牛场场主、食品生产商、专业废水处理公司等与磷相关的业界一道开展合作，希望通过研究打造出一套更具可持续性的磷体系。埃尔瑟就这个主题与他人合著了一本很好的书[193]，他预言，改变各种浪费的或者会造成污染的用水方式已经迫在眉睫。

他说，“到2050年，地球上的人口将达到90亿甚至100亿，人们的生活也会更加富足，这无可厚非，但这也意味着需要生产更多的肉类。这给磷体系带来了更多压力。我们必须生产出更多的肉类，同时，不要忘记人们也需要喝水……我们必须同时做到这两件事[194]。这是一项挑战。”

埃尔瑟赞同申德勒的观点，也认为最早产生于20世纪，并在很大程度上已经解决的磷的混乱局面与今天我们面临的挑战相比，显得微不足道。“磷已经分散到整个地表，现在又出现在径流内，存在于地下水中，随着从土地上扬起的尘土四处飘荡，”埃尔瑟说。“它无处不在，而且很难解决，有些事情不是说你想停下来就可以直接停下来的。显而易见，粮食还得种吧。因此，这问题解决起来要困难得多，但我们现在正在想办法解决！”

有一件事很鼓舞人心：10多年前，在草坪护理巨头施可得美乐棵公司（Scotts Miracle-Gro Company）自愿不再使用磷制作大部分庭院肥料时，大约有十几个州已经采取行动，禁止使用含磷的草坪肥料。这是一小步，因为从全球范围来看，过度施肥的草坪只是问题的一小部分，尽管具体到某一个湖泊而言，情况可能并非如此。但这一举措意义重大，因为它标志着公众和化肥行业对磷与水污染关系的认识正不断提高。

这种意识需要不断提高，只有当人们意识到磷原子的使命不是使用一次就该被冲走时，这种认识才会真正提高。

以水为例。我们现在地球上所有的H_2O都是我们未来所要拥有的H_2O。水分子有可能在一段时间内被污染物污染，也可能被封在冰川中有亿万年之久，抑或整个地区可能遭受数十年的干旱，但地球整体的水平衡却从未发生过波动。因此水永远不会耗尽。这并不意味着我们不用担心供应问题，一方面，污染、干旱和引水工程会造成供应不足；另一方面，气候变化也会造成供应过剩。例如，如果所有的冰川在短短几十年内融化，海平面可能会上升约230英尺，那就会淹没地球上几乎每一座沿海城市（以及许多别的城市）。

磷的循环与此类似——地球现在拥有的所有磷原子基本上就是地球未来所拥有的磷原子。几十亿年来，它们随着容矿岩的侵蚀渗入生物世界，就像冰川融化后的水滴一样。现在，我们已经找出解决方案，通过开采由死亡的海洋生物坠落海底后形成的沉积岩，将这些水滴化作涌泉，听任其在世界上泛滥，甚至造成灾难性后果。我们离不开水，但是水太多也会带来问题。同样，我们离不开磷，但过多的磷也会带来一系列严重问题。

“在过去50年里，我们把数百万年来在这些（沉积岩）矿床中沉积的磷开采出来[195]，释放到自然界里……而这一过程的影响还没有结束。”埃尔瑟说。“我把磷酸盐称为生物助燃剂。这就像给森林大火喷洒汽油。它只会让生命变得疯狂。”

为了减缓人类释放的洪流，我们不仅仅要提高开采、加工和施用化肥的效率，而且还需要改变与该元素的关系。

这意味着要摒弃人类和动物的排泄物是废物这个根深蒂固的观念，因为这些排泄物根本不是废物。

今天，在发达国家，很少有人会去想他们抽水马桶里的东西到底去了哪里。其实，人类排泄物从来没有远离过19世纪伦敦人的脑海，这些排泄物的气味也一直都充斥着他们的鼻腔。伦敦的下水道系统年久失修，规模不足，难以承载将这座新兴城市中人类排泄物输送到泰晤士河（River Thames）的任务。这就意味着，伦敦的大部分人类排泄物都是由人工从地下室和后院的化粪池中清理的。一队被称为“淘粪工”的夜班工人队伍用铲子、水桶和小车来完成这项工作。他们在夜间劳作，这样伦敦人就不必每天与那些滴漏着粪便的车辆一起出行了。

收集到的一些排泄物被倾倒在排水沟中，但往往被运到乡下进行堆肥，通过腐熟杀灭许多危险虫卵，这样排泄物就可以用作农作物肥料，这曾经是整个欧洲的普遍做法。

但在工业革命（Industrial Revolution）期间，随着伦敦人口的激增，排泄物的量当然也在增加，淘粪工前往农场的路程也随之增加。到 19 世纪中期，伦敦已经成为地球上前所未有的超大城市，其排泄物的堆积速度超过了其被安全运走的速度，将这座城市的 250 万居民暴露于诸如霍乱等瘟疫面前。

当时大多数科学家将所有的瘟疫归咎于污浊的空气，但伦敦的医生约翰·斯诺（John Snow）渐渐意识到，受到污染的水才是问题的症结所在。当 1854 年霍乱再次在伦敦爆发时，他开始着手证明自己的推测。他首先绘制了受害者的住所地图。然后，通过详尽的追踪，他确定许多患者都有一个共同点——都是从伦敦索霍（Soho）附近的布罗德街（Broad Street）泵站取水。

结果发现那个水泵离一个渗漏的化粪池只有几英尺远。而且后来进一步发现，一位婴儿霍乱患者的母亲一直在将洗过孩子尿布的水倒入化粪池，而这些水会慢慢渗透到饮用水井之中。斯诺说服当地官员拆除了水泵的把手，关闭了水泵，不久之后，已经减弱的霍乱疫情就逐渐消失了。

今天，对布罗德街泵站的研究被认为是公共卫生史上一次无可比拟的成功。尽管在我参观安装在原址上的水泵复制品的那个晚上，隔壁约翰·斯诺酒吧的顾客中几乎没有人把它当回事，对这些人而言，这只是个扔烟头的地方而已。斯诺的研究可能唤醒了伦敦人对水污染危险性的认识，但单凭这一点还不足以促使政府领导人对城市污水处理方式做出重大改变。

然后是 1858 年爆发的“大恶臭”（Great Stink）事件。那一年夏天，天气炎热干燥，堆积在泰晤士河畔的一堆堆粪便散发着一股股恶臭，河边的议会大厦威斯敏斯特宫（Palace of Westminster）不得不用消毒剂浸泡窗帘来减轻恶臭味。即使这样，议员们依旧要用手帕捂着鼻子在威斯敏斯特宫的大厅里走动。

污浊难闻的空气引起了政客们的关注，这是流行病学研究所无法做到的。他们向伦敦的人类排泄物宣战，并建造了一个火车隧道大小的下水干道系统。该系统与一个较小的管道网络相连，将城市中的排泄物排入泰晤士河，通过泰晤士的河水和海潮可以将污物拉到海里。

这座城市的空气和饮用水质量立即得到了改善，不久之后，欧洲和北美的城市纷纷效仿伦敦的做法。

以这种方式冲走西方世界的城市排泄物，减少了困扰19世纪城市生活的疾病和腐臭，但它也带来了一系列沉重的代价，有些是在意料之中，有些则是出乎意料。不仅下水道系统的建设和运营成本高昂，而且将所有富含磷的粪便排入河流和湖泊之中，也在欧洲和北美的公共水道中引发了有害藻类的暴发。

更重要的是，以这种方式将人类排泄物分流到水道中，永久性地打破了磷的循环，让西方世界走上了对化学肥料痴迷的道路。

肥料先驱尤斯图斯・冯・利比希是最早认识到伦敦下水道系统弊端中的一位。他认为，从经济和农业角度来讲，以这种方式处理世界上最大城市所产生的垃圾是一个巨大的失误，或者说这是在错误道路上迈出的又一步，这个错误注定会导致英国在营养物质方面的崩溃。利比希认为，无论英国在全球范围内搜刮了多少墓地、粪堆和岩矿，这些总有一天会消耗殆尽。所有的一切都会用尽。

利比希在1859年给《泰晤士报》的信中写道[196]：“现今的农民认为，肥料进口永远不会停下来的。”当时，伦敦正开始大举修建下水道。“他们认为，购买鸟粪和骨头比从城市下水道中收集养分要简单得多，如果鸟粪和骨头出现短缺的情况，那时候就只能从城市下水道中收集养分了。”利比希认为这种做法“既危险又致命”，因为肥料出口国最终会因为本国的供应不足而停止出口。

鉴于此，利比希坚持认为，大规模地收集伦敦的污物是解决两个棘手问题的可行方案。

利比希写道：“我不是不知道这样做困难很大，困难确实非常大；但是，如果工程师能与科学界人士形成共识，那我敢肯定，清除下水道污物和回收其中有价值的元素用于农业生产，这两个问题都会有好的解决方案，”他又补充了一句，如果伦敦人都解决不好这个问题，还有哪个欧洲城市能解决好呢？

19 世纪的记者亨利·梅休（Henry Mayhew）从更纯粹的经济角度看待人类所产生的养分被一冲了之的问题。他报道说，到 19 世纪 50 年代，英国农民每年要花费大约 200 万英镑来进口外国肥料。与此同时，伦敦市每年向泰晤士河倾倒约 4 000 万吨富含肥料的污物。根据他的估算，这相当于每年扔掉近 250 000 000 磅的面包。

他写道：“这些东西本该撒播在田地里为成千上万的人生产食物，现在却被倒进了河里。这种做法其实就是把维持生命和健康的元素变成了诱发疾病和死亡的病菌。”[197]

在英吉利海峡的另一边，类似的自然资源保护伦理也同时在学术界酝酿着。1862 年，维克多·雨果（Victor Hugo）本人就注意到，一边是欧洲城市在丢弃自家排泄物，另一边是欧洲人在从地球上最遥远的地方搜刮石化动物的粪便，真是匪夷所思。

雨果在《悲惨世界》（*Les Miserables*）中写道[198]，“要是能把人类和动物粪便重新撒回到土壤中，而不是丢进大海白白浪费掉，那就足以养活全世界。墙角处的那一堆堆大粪，大半夜在街上颠簸的一车车污物，臭气熏天的一辆辆市政粪车，地面之下人行道遮盖的那些腥臭的污泥浊水，你知道它们是什么吗？它们是鲜花盛开的牧场，碧绿的青草……百里香和鼠尾草，它们是野味，它们是家畜……它们是喷香的草料，金黄的麦穗，它们是你餐桌上的面包，它们是你血管中温暖的血液，它们是健康，它们是欢乐，它们是生命。”

对于19世纪中叶的欧洲人来说，这可能是一个激进的观念，但它曾经是亚洲的生活现实，而且从某种程度上讲，这种情况直到今天也没有改变。

19世纪末，西方农业和卫生专家访问亚洲最大的城市时，他们看到了用人粪尿作肥料这种“过时”做法的好处，感到非常震惊。1899年，上海的英籍卫生官员写道[199]：“当极其文明的西方（人）以经济损失为代价精心制作垃圾焚烧炉，将污水排入大海时，中国人却将两者都用作肥料。中国人从不浪费，对他们而言，农业种植是一种至高无上的神圣职责。”

中国人通过建立一个复杂的网络，在农田里撒播腐熟后的人类排泄物，证明了利比希所坚持的观点。他们无须掠夺其他国家的磷矿，无须提供资金修建下水道系统，也无须担心这些下水道会污染他们的供水。

这位卫生官员报告说，19世纪欧式的下水道系统将废物根本不进行处理就直接倒入水道。这样会导致人口稠密的东方出现“公共卫生方面的自戕”情形[200]。他写道，“实际上，最近的细菌研究表明，粪便和生活垃圾最好的销毁方法是将其返回到洁净的土壤中进行自然净化。”

亚洲的主要城市通过复杂的污物处理闭环系统完善了人类排泄物的回收过程，这些系统依靠的是车轮而不是管道。农民把他们生产和养殖的谷物、蔬菜和动物运进城里，用同样的车把这些城市产生的垃圾拉回农村，然后再用这些垃圾种植更多的谷物蔬菜，养殖更多的动物，再把这些东西运回城里。就这样不断地循环往复。**几千年来都是如此**。

1909 年，就在岩矿开采开始蹂躏小小的巴纳巴岛的时候，美国土壤学先驱富兰克林·金（Franklin King）对中国、韩国和日本进行了为期 9 个月的考察，了解这些国家在人口远超美国而人均农业用地远少于美国的情况下，如何持续实现农业繁荣。

他注意到，美国人在新定居的大陆上刚耕种了几十年，就遇到了土壤肥力问题，而亚洲的农民在同一片土地上耕种了几个世纪，土壤的生产力依然能达到日益依赖化学肥料的美国农田的 4 倍。

金撰写了《四千年农夫：中国、韩国和日本的永续农业》（*Farmers of Forty Centuries or Permanent Agriculture in China, Korea and Japan*）一书，这是一部具有划时代意义的著作。他写道，“看看我们农场的土地，耕种还不到 100 年时间就耗尽了肥力，为了保证土地产量，我们不得不施用巨量的矿物肥料，由此看来，我们应当认真研究一下东方人延续了几个世纪的做法[201]。”

从保护公众健康和便利性的角度来看，让粪便从管道里消失的想法吸引了西方人。但是，自古以来，粪便在欧洲被视为有毒的废物，在东方许多城市却被认为是一种价值不菲的商品，而且还不是抽象意义上的价值不菲。根据金的报告，1908 年，仅在上海的一个地区，单单一年的人粪尿收集权是按黄金出售的——以当今的美元计算，价值约为 100 万美元[202]。

在这次漫长的旅行中，金的团队参观了一片稻田，一头牛拉着一个类似旋转木马的轮子正在从一口水井中抽水灌溉稻田。金看到一个男孩跟着这头牛转来转去，手里拿着一根 6 英尺长的竹竿，上面绑着一个木杓。他熟练地舞动着竹竿去捡拾牛粪，把这些富含肥料的黏稠物装进桶里。最初看到这个场景时，他心里还觉得很难过。

他说，“让这个少年干这样的活儿，开始时我脑海里还闪过一丝不满，后来才突然意识到，这种节约的做法影响有多深远，从这个孩子的脸上看不出一丁点儿不悦的神情[203]。他做了他该做的事，我们仔细想一想，没有理由不这样做。事实上，如果不把这些粪便收集起来，情况只会更糟，这是应当采取的唯一正确的做法，这样大米的产量才能更高。这位少年正在养成优秀的品格，这就意味着节俭是年轻人健康成长和民族生生不息的必备品质。”

金参观了日本的堆肥场，了解排泄物是如何在5～7个星期的时间里，从充满细菌的市政生活和农业垃圾自然转化为高效肥料的。他援引了一份土壤分析报告，数据显示日本农民通过废水利用每年向土地返还的磷（以及氮和钾）与他们所摄取的一样多。

由此，金总结说：“日本农民现在给农田施用这三种植物养料元素，而且可能长期以来一直都是这样做的。用这种方式给农田施肥的数量与作物带走的数量相当。此外，在美国的农业实践中，没有任何迹象表明，我们最终不会被迫也采取这种做法。”[204]

当然，西式的污水处理系统如今在整个亚洲城市中非常普遍，但几千年来形成的维持土壤生产力的观念却很难改变；2014年的一项研究表明，中国5个省份中有85%的农村家庭仍在使用包括污物在内的生活垃圾为农作物施肥。[205]

如今，我们知道，含有微生物的人类排泄物具有一定的危害，但是，了解了这一点后，还将粪便与食物供应关联起来不是很危险吗？我询问了威斯康星大学（University of Wisconsin）的土壤科学教授菲利普·巴拉克（Phillip Barak），他在以富兰克林·金本人命名的金大厅（King Hall）有一间办公室。巴拉克用他自己的一个问题回答了我的问题：“你上次在中餐馆生吃蔬菜是什么时候？”然后，他给我讲了一个他自己在 20 世纪 80 年代中期读研究生时在中国进行农业考察的故事。一天行程结束时刚好在一片生机盎然的萝卜地边上，这片萝卜地施用的肥料就是用人类排泄物沤成的。对于巴拉克实地考察中的一位德国教授来说，这一切显然太诱人了。他偷偷从田里拔了一个萝卜，大口大口地吃起来，就像一个四处奔波的商人在红宝石周二（Ruby Tuesday）餐厅的沙拉台里偷吃了一棵橄榄。

巴拉克告诉我："我们所有的中国东道主都露出了恶心的表情。"他解释说，他们感到震惊，因为他们知道地里的萝卜是怎么长出来的。巴拉克解释说，即使经过适当的腐熟，微生物也会在人类排泄物中持续存在，这就是为什么传统中国菜中的蔬菜通常都是熟食。他告诉我，"烹饪就是他们的消毒方法。"

巴拉克很乐意谈论用人类粪便作肥料的历史，也喜欢讲他那个从当地污水处理厂回收更多人类粪便的项目，但他并无意贬低如今维持人类生存的农业或化肥行业。

他说，"只有化肥行业发展了，农业才能跟上人口增长的步伐。你可以说这已经产生了一个问题，我们这个星球上不应该有 70 亿人。果真如此的话，那么谁可以活在地球上，谁又不可以呢？"

然而，巴拉克承认，人类的磷矿开采绝对是长久不了的。他说："整个农业系统都基于这样一种理念：'只要需要就尽管去用，我们会生产更多。'"这种观念让他担心，留给子孙后代的食物体系显然是无法长期维持的。

采矿业官员坚持认为，磷储量至少够再开采 350 年，与此同时，我们也看到，一些磷元素专家坚持认为，几十年内就可能会出现区域性磷短缺，这会破坏地区稳定。但是，即使是 350 年的美好前景也无法为人类争取太多的时间。巧合的是，从现在到 1669 年，亨尼希·布兰特在汉堡实验室发现磷的那一年也是 350 年。

无论从现在到地球上一些地方出现粮食生产所需的磷储量短缺究竟还有多少年时间，有一点毋庸置疑，我们现在挥霍磷的方式会让子孙后代无法理解。

巴拉克问道："把本该留给孩子们的这些资源挥霍掉，让他们无资源可用，他们会怎么看我们？"

这个问题引发了我的好奇心：我们的先辈们会如何看待现代农业的发展。

我想起那位手拿木杓、跟着牛转圈的中国少年，他如何看待拥有成千上万头牛和池塘大小的化粪池的现代美国牛奶场。

他可能会看到财富。

现代屠宰场是工业规模的令人啧啧称赞的节俭典范。牛被宰杀后除了肉用部分，其余大部分都以其他方式进入市场。牛皮成为汽车座椅、钱包、鞋子和沙发。脂肪被加工成肥皂、润肤霜、唇膏和牙膏。器官被用来制造胰岛素、类固醇和血液稀释剂等药物。从煮沸的骨头中提取的明胶最终用来制作棉花糖。

但是，牛活着时产生的"废物"则与此大相径庭。利用好富含营养物质的粪便的时机已经成熟。然而，我们继续用中世纪的方式处理动物粪便；我们将其液化，然后以棕色雾状的形式将其喷洒在广阔的田野上，往往不去理会这些土地是否需要营养。

"总有一天，人们会意识到所有这些粪便并不是废物，而是一种资源。"国际联合委员会（International Joint Commission）的主席曾经告诉我，该委员会是美加两国联合成立的一个机构，负责监督两国边界（包括伊利湖）的水资源问题。

我们该改变观念了。

农业的工业化程度越来越高，牛群数量已达到数千头，工厂化农场产生的固体废物量相当于一座城市所产生的量。国会理应重新审视《清洁水法》对农业的豁免，让规模较大的农场主担当起工业污染者应负的责任。其实他们显然早已成了工业污染者。

但是，经济因素可能会比联邦立法更快地推动变革。

2022 年春天，《密尔沃基哨兵报》（*Milwaukee Journal Sentinel*）报道称，在美国乳业基地（America's Dairyland）* 的中心地带，大约有 12 家农场总共管理着 2.5 万头奶牛，这些农场准备开始集中奶牛的粪便，通过一个价值 6 000 万美元的“消解器”，利用细菌将奶牛粪便中的碳转化为甲烷。然后，这些天然气将被输送到一个州际管道网络中，然后再送往美国各地。

这个规划得到了加利福尼亚州一项计划的资助，该计划给予石油公司税收减免，以补贴低碳燃料源，而粪便（哪怕是远在威斯康星州的粪便）产生的甲烷也符合条件。《密尔沃基哨兵报》报道说，加州的这项条例有可能带来某种形式的粪肥热潮。一个拥有 3 500 头奶牛的农场每年就可赚得 35 万美元，如果奶农自己投资粪便消解器的话，还可以赚更多。

该报援引一位行业顾问的话说，“从这一点来讲，牛奶已经成为粪便生产的副产品。”[206]

事实不会真的主次颠倒。生产牛奶的利润有时太过微薄，甚至无利可图。比如，2020 年，因为需求暴跌，农民只能把牛奶倾倒在他们的田地里，就像倾倒粪便一样，牛群不会因为市场疲软而停止产奶。

牛奶供应过剩的问题并不新鲜；几十年来，联邦政府采购过剩的牛奶，并将其作为低档奶酪保存，分发给穷人。现在政府已经不再像以前那样大量储备和发放免费奶酪了。但联邦补贴意味着牛奶往往会

---

* 威斯康星州因其发达的畜牧业而被称为美国乳业基地。——译者注

供过于求。近年来牛奶供应本已创历史纪录，2018 年约有 14 亿磅政府补贴过的过剩奶酪存放在全国各地的冷库中。

因此，近几十年来出现了食品价格攀升而牛奶价格走低的现象，也就不足为奇了。在过去的半个世纪里，牛奶仍然相对便宜，除了产量提高和人均消费量急剧下降之外，还有一个原因就是农民没有支付其生产的真实成本。

公众则以海边浴场遭到关闭、饮用水供应受到威胁为代价，承担了这些成本。

著名的斯德哥尔摩水奖*（Stockholm Water Prize）得主、威斯康星大学麦迪逊分校湖沼学中心荣休教授史蒂夫·卡彭特（Steve Carpenter）说[207]："把农场的动物粪便倾倒在河流和湖泊中，就降低了牛奶的成本。"

蓬勃发展的粪便热潮是由甲烷推动的，但是，就像牛的胴体一样，我们还可以从中挖掘出更多的价值来。下一步是将其营养成分（特别是磷和氮）浓缩，制成方便运输和施用的形态，做到既经济又高效，而不是像现在这样，开着装满粪便的巨型卡车东奔西走、四处飞溅，哪块地的主人想要就喷洒到哪块地里。

管理好粪便还有很多潜在好处，既能保护水质，又能为子孙后代保留磷矿资源。

磷可持续发展联盟主任埃尔瑟说："如果能把所有的粪便回收并用于［农业］生产，我认为可以节省一半的开采肥料。"换句话说，如果大胆创新，从粪便中提炼肥料，根据今天的磷使用量，现有磷储量的使用期限就可能会延长一倍。

---

* "斯德哥尔摩水奖"由瑞典斯德哥尔摩水基金会于 1991 年设立，专门表彰为解决世界水问题做出杰出贡献的个人或团体。——译者注

我们也有理由质疑我们的肉类生产量。美国近 1/3 的猪肉[208]和近 1/5 的家禽[209]产量用于出口。我们真的想以毒化我们的水质为代价来为国外提供廉价的肉类，或者生产超出实际消费量的牛奶和奶酪吗?

此外，通过回收人类排泄物中的营养物质来恢复磷循环的时机已经成熟。粗略地讲，在全球范围内，每年大约有 300 万吨磷以尿液和粪便的形式从人体排出，但把这些排泄物当作肥料加以利用的量却是少得可怜。

2017 年，密歇根大学的研究人员为该校土木与环境工程系二楼的女卫生间举行了一个剪彩仪式，人们打开隔间门就可以看到一个奇异的小装置——有两个排水口的马桶。

马桶座的后排水口用来收集使用者的粪便，这些粪便被冲入下水管道，流向当地位于休伦河（Huron River）畔的一座废水处理厂，休伦河最终汇入伊利湖。

马桶座还有一个专门收集尿液的前排水口，尿液会顺着这个排水口直接流入大楼地下室的“尿液处理室”中的一个储罐，那里的制冷系统会将废物中的水分冻结，并对目标营养物质进行浓缩。男卫生间自身配备有尿液收集装置，可以将尿液通过管道直接送到地下室储罐中的小便池。

这些卫生间是一个尿液肥料研究项目的一部分，该项目耗资 300 万美元，由美国国家科学基金会（National Science Foundation）资助，有两个目标：一是开发从厕所冲水中收集磷、氮和钾并将其转化为安全肥料的技术；二是向公众推广这一理念。这第二点或许更具挑战性。

实验开始一个月后，研究人员得到了一加仑浓缩营养物，证明了他们的努力没有白费。推广这样一个尿液回收流程有巨大的潜在好处。因为我们排泄掉的大部分磷都在尿液中，而且冲走仅仅一品脱尿液需要使用多达7加仑的净化水。

密歇根大学土木与环境工程系副教授克丽丝塔·威金顿（Krista Wigginton）是该研究项目负责人之一，她说[210]："目前的农业系统是不可持续的，而且废水中营养物质的处理方式和效率也有待提高。"

关键是要相关各方联手合作。这正是密歇根州的研究人员在佛蒙特州布拉特伯勒（Brattleboro）所做的事情，他们从愿意配合的居民那里收集了大量的尿液，并将其用到胡萝卜、生菜和小麦试验田之中。

佛蒙特州实地研究的重点之一是试验尿液处理方法，包括尿液的过滤、加热、腐熟和蒸发，以确保液体废物对农民及其客户安全无害。采用某种形式进行消毒处理是必要的，因为一壶尿液虽然在病原体方面比一袋粪便安全得多，但仍可能藏有细菌和病毒。大多数细菌和病毒可以在一定时间内被自然中和。今天尿液中常见的药物残留是一个更大的问题。

"毫无疑问，尿液对种植任何一种作物而言都是一种安全的肥料，"与密歇根大学研究人员合作的佛蒙特州农业研究企业富地研究院（Rich Earth Institute）的联合创始人亚伯拉罕·诺埃-海斯（Abraham Noe-Hays）说。"我们要回答的问题是：从服用过各种药物的全部人群中提取尿液，不加限制地运用于农业是否安全？"[211]

一个同样难以回答的问题：消费者会购买用尿液浇灌的胡萝卜吗？

"我认为他们的付出难能可贵，他们还有很多工作要做，主要是让公众接受，"布拉特尔伯勒（Brattleboro）水处理厂的值班长布鲁斯·劳伦斯（Bruce Lawrence）说。"正常的公众人物（如果你愿意的话，你可以用'正常'这个词）会说：'那些胡萝卜是用尿液做肥料种植的？不会吧'[212]。我认为这就是必须要克服的问题。"

该大学的部分拨款用于开展解决这个问题的公关活动。这项公关活动有一个视频，主角是名为"尿尿"（Uri Nation）的一滴尿液，用它来提倡“尿液循环”[213]。

尿尿用单调的澳大利亚腔调说，“你可能认为我是废物，那你完全误会了我。我是液体黄金！”然后，这一滴尿的动画形象呼应了维克多·雨果近两个世纪前的观点。尿尿自豪地说，“一个成年人每天的尿液中含有充足的营养物质，用这些营养物质做养料生产的小麦足足可以做成一条面包。浪费掉真的很可惜哦。”

密歇根州的研究人员从能源消耗、淡水使用、温室气体排放和藻华等方面对从污水处理厂分流尿液的成本进行了建模，基本上证实了亚洲农民几个世纪以来将经过处理的人类排泄物返回到土地中的做法非常可取，比排入管道危害饮用水供应、海滩浴场和渔场的安全[214]要更有利于环境保护。

这种回收尿液方式对尚未投资建设大型废水处理系统的欠发达地区，可能会特别有用。但是，对于拥有数百万个传统厕所和下水道网络的无序扩张的现代城市来说，情况就更加复杂了，必须对这些厕所和下水道进行彻底改造，才能将粪便和尿液分开输送到不同的方向。研究人员承认存在这些挑战，但他们认为，许多地方的基础设施已经远远超出了设计寿命，城市地下水道基础设施需要重建，废物流分流的机会也会随之到来。

提取粪便这种含病原体的人类固体废物流中的营养物，要比提取尿液中的营养物质难度更大。

但是，已经有技术可以将人类排泄物中的营养物质以元素形态提炼出来。

例如，芝加哥的一家污水处理厂几年前就安装了一套营养物质回收系统，预计该系统能将所排水中的磷含量减少约30%[215]。该系统将捕获的磷转化为商用肥料颗粒，它的量虽不大，但作为作物营养物质储备颇具价值，否则这些养分将流向危害墨西哥湾的死水区，并不断给死水区提供滋养。

一些保护主义者说，芝加哥的新系统和其他同类系统是一大进步，但要提取所有流入世界各地污水处理厂的磷，将其转化为与现代化肥厂生产的产品一样安全、无污染的植物养料，还需要一场真正的革命。

这场革命已经在发生——在磷的故乡汉堡。

1669年，炼金术士亨尼希·布兰特从一大桶人类尿液中提炼出了第一块单质磷，距离这个地方仅有两英里，一位现代巫师再次试图从人类的排泄物中筛分出财富。

布兰特对自然界奥秘的探索一方面是受到了对黄金的渴望的驱使，另一方面也是受到了迷信的操弄。马丁·勒贝克（Martin Lebek）同样对尿液进行研究，在德国汉诺威大学（University of Hanover）多年的技术研究中他磨炼出了理性的头脑，在那里他获得了土木工程博士学位，专注于生物废水处理。

2019年底，我在汉堡污水处理厂见到了勒贝克，该处理厂的服务范围包括了德国北部200多万个冲水马桶。这是一个工业化的优雅典范，工厂废水池上方耸立着两座高约600英尺的风车，勾勒出汉堡的天际线。这些旋转的叶片发出的电，加上10个洋葱状的、100英尺高的废物消解储罐从污水污泥释放的甲烷所转化的电，共同为处理厂提供了充足的动力[216]。

勒贝克对治理汉堡的污水有着更大的雄心壮志。过去，去除甲烷后的这些污水淤泥，有两种处理方法。一些被焚烧，然后被运往垃圾填埋场；一些被撒在农田里，以利用其残留的磷和其他营养物质。严格来说，淤泥并不是人类产生的废物，而是经过精心培养的细菌吞噬进入植物中含有大量病原体的废物后所产生的物质。

经过处理的水被排入管道流出处理厂时会含有一些磷，但到目前为止，流入处理厂的大部分磷都存在于这种被称为生物固体的淤泥之中。

在欧洲和美国，用生物固体改良农田是一种常见的做法。例如，在我的家乡密尔沃基，生物固体被加热干燥成颗粒，装袋后用于草坪养护和园艺，这种肥料被称作活性淤泥肥（Milorganite）。

然而，即使人类排泄物变成了基本上没有生机的淤泥，仍然可能会受到病原体和其他有害物质的污染，这些有害物质包括杀虫剂、药物、重金属和工业混合物，如不粘锅等产品中使用的那些越来越令人担忧的“永久性化学物质”，这些物质也被称为全氟烷基和多氟烷基物质（PFAS）。这些污染物可能会进入施用生物固体的农作物中，随后进到我们餐盘，再进入我们的血液。也正因为此，欧洲施用生物固体肥料的农田越来越少。瑞士已经完全禁止了这种做法，如今在德国，处理厂生产的生物固体中只有约 1/4 回到了农田。更大的变化即将到来。

德国将要求其最大的污水处理厂从 2029 年开始将其淤泥中含有的磷全部分离出来。有人质疑是否能够开发出具有成本效益和工业规模的技术来实现全部分离磷的目标，但这项措施还是获得了通过。勒贝克供职的私营公司雷蒙迪斯（Remondis）是一家拥有 3 万多名员工的家族企业，专注于回收利用，是目前竞相开发此类技术的众多公司中的一家。

雷蒙迪斯公司于 2014 年开始在汉堡的污水处理厂建立了一个小规模实验性系统，在将生物固体变成灰分后，从中提取磷原子。德国污水淤泥法引发了磷回收热潮，许多其他公司参与到了磷回收工艺的研发之中，因此勒贝克并未透露这个系统的确切工作原理。但该技术的核心是经过精确计量用磷酸来处理灰分，促使灰分释放出更多磷酸。

勒贝克解释说，与现代化肥厂用于溶解沉积岩中磷的超强硫酸不同，磷酸强度太弱，无法释放出污水淤泥灰分中的重金属和其他污染物。但它的强度足以让灰分自身所含的磷酸释放出来。磷酸是动物饲料中的营养补充剂，也是一种制造化肥的原料。磷酸还可用于人类食品，但是勒贝克说，他的公司不计划将其污水衍生的产品（尽管它很纯净）用于人类直接食用的产品中。

试点工厂的工艺流程运作得非常好，到2019年，日立（Hitachi）推土机在汉堡污水处理厂的一角轰鸣，已经为一个磷的全面回收设施挖好了地基。

2022年初，雷蒙迪斯公司及其项目合作伙伴——上市的汉堡水务公司启用了该工厂，并开始从淤泥中批量化生产肥料。勒贝克预计，该工厂会在年底全面投产。他相信，这种回收技术如果能在全国范围内应用，就可以极大地减少德国对磷的进口依赖。这一点至关重要，因为欧洲本身磷矿储量不大，因此对外国肥料的依赖程度与19世纪疯狂的英国人对骨头和鸟粪的依赖程度一样。勒贝克告诉我，“我们这里回收磷不仅是为了回收资源，而且是为了独立，主要是为了摆脱对磷的进口依赖。”

勒贝克说，如果雷蒙迪斯公司或其竞争对手的磷回收技术在欧洲各地成功得到应用，这不仅仅会减少欧洲大陆对其他国家粮食供应的依赖。它还将使水质得到改善，同时还会使一些人富裕起来。

勒贝克说，“我们相信我们能从这项技术中赚取数十亿［美元］，这绝不是痴人说梦，但这是第一个，而且这只是一个开始，未来充满了希望。”

勒贝克知道，3个多世纪之前，磷的自然威力在易北河对面释放出来时，这个故事就开始了。近一个世纪之前，盟军轰炸机从天上投掷的磷将这座城市夷为平地，现如今，汉堡正努力从这块废墟上精心打造出一个更具可持续性的食物体系与未来。

在谈到易北河西岸拔地而起的磷回收厂时，勒贝克说：“是啊，磷回到了家乡。”

致谢

这本书的大部分内容是我在密歇根湖西岸密尔沃基莱克帕克（Lake Park）的一辆本田小型面包车上写的，为此，我要感谢新冠。

这场疫情让我比以往更加依赖我的妻子艾丽斯（Alice）和我们的孩子：萨拉（Sarah）、莫莉（Molly）、约翰（John）和凯特（Kate）。此后，我学会了在面包车里工作。2020年疫情封控，瞬间将我们原本就局促的砖房变成了孩子们的校舍、艾丽丝的办公室、新冠期间出生的小狗厄尼（Ernie）的狗舍，以及我写作的“禅房”。这让艾丽丝和孩子们几乎躲无可躲——既躲避不开彼此，也躲不开那只叫个不停的狗。我又给这种嘈杂的场面再添了几分混乱，在家里游来荡去，寻找一个可以更高效工作的地方，去敲键盘，去电话采访。无论是在互联网带宽还是在其他方面，我占用的资源都超出了自己应占的份额。因此，除了那只狗之外，我对所有家人在那些艰难的时刻所给予我的支持、鼓励和时时处处的包容表示深深的感谢。

还要感谢威斯康星大学密尔沃基分校淡水科学学院（School of Freshwater Sciences）为我提供资金支持（和图书馆特权），我是该校水政策中心（Center for Water Policy）的驻校记者。

作品经纪人巴尼·卡普芬格（Barney Karpfinger）帮我拟定了本书的大纲和重点，这并非易事，要知道，我要写的是一个事关地球上每个活细胞存活的关键元素。很多次当我面临巨大困难时，卡普芬格都给了我莫大的支持。

在过去三年中，诺顿出版社（W. W. Norton）的编辑马特·韦兰（Matt Weiland）是一位不知疲倦的设计师（和推动者）。在我家事缠身，工作一搁数周甚至一拖再拖时他都能够给予包容和理解。还要感谢诺顿的乌内雅·西迪基（Huneeya Siddiqui）、埃琳·赛恩斯基·洛维特（Erin Sinesky Lovett）和史蒂夫·利尔卡（Steve Colca），感谢他们对这本书的遣词造句以及出版方面所提供的帮助。

《密尔沃基哨兵报》的现任编辑乔治·斯坦利（George Stanley）和前任编辑马蒂·凯泽（Marty Kaiser）打造了一种新闻编辑室文化，让有进取心的记者有时间和空间来开发小众领域和追踪复杂的新闻报道。如果没有我在《密尔沃基哨兵报》20 年的工作中获得的新闻深入追踪能力，我是不可能完成这本书的。

如果没有英国化学家与作家约翰·埃姆斯利（John Emsley）在2000 年出版的有关这个主题的著作《磷的惊人历史：魔鬼元素传记》（*The Shocking History of Phosphorus: a Biography of the Devil's Element*），我根本想不到会去写一本关于磷的书。2014 年，我为一家报纸做关于磷引发伊利湖藻类暴发的系列报道时，偶尔看到了这本书。埃姆斯利的著作是一个全面的历史综述，生动描述了磷的魔鬼般的多种应用。但我本人写这本关于“魔鬼元素”的书，旨在描述磷在我们今天生活中所扮演的双重角色，它既是农作物必需的一种营养物质，也是全球各地有毒藻类暴发的催化剂。埃姆斯利的著作帮助我走上了这条道路。

现代农业系统是如何开始依赖化肥的，这一问题尚未可知，英国作家和肥料历史学家伯纳德·奥康纳（Bernard O’Connor）的研究帮助我对这个问题有了深入了解。2019年秋天，我访问了位于伦敦北部的洛桑研究中心，中心的农用磷研究人员保罗·波尔顿和约翰尼·约翰斯顿（Johnny Johnston）都给了我极大帮助。迈克尔·佩特森（Michael Paterson）、斯科特·希金斯（Scott Higgins）以及位于安大略省西部加拿大实验湖区的工作人员在我2018年春季访问期间也同样慷慨相助。

除了本书中提到的那些与我分享了经验、专业知识和深刻见解的众多人士之外，我还得到了以下人士的大力帮助和支持：哈维·布茨马（Harvey Bootsma）、瓦尔·克隆普（Val Klump）、约瑟夫·奥尔德斯塔特（Joseph Aldstadt）、约翰·詹森（John Janssen）、史蒂夫·卡彭特、梅利莎·斯坎伦（Melissa Scanlan）、杰克·范德·赞登（Jake Vander Zanden）、彼得·安宁（Peter Annin）、博伊斯·厄普霍尔特（Boyce Upholt）、辛西娅·巴尼特（Cynthia Barnett）、托德·米勒、格蕾丝安·凯·塔尔萨（Graceanne Kay Tarsa）、欧文·斯特凡尼亚克（Owen Stefaniak）、安娜·真弓·克贝尔（Anna Mayumi Kerber）、拉里·博因顿（Larry Boynton）、梅格·基辛格（Meg Kissinger）、马修·门特（Matthew Mente）、克罗克·斯蒂芬森（Crocker Stephenson）、南希·奎因（Nancy Quinn），以及我那目光锐利、专盯错字、年届耄耋的双亲，迪克和安妮·伊根。

2022年8月10日于密尔沃基莱克帕克

（在我的本田小面包车里——新冠陋习难改）

注 释

引言

[1] **“救命呀，快帮帮我！我要死了！！”**：为逃避警察，嫌犯险遭溺亡（*Suspect Nearly Drowns Escaping from Cops*）（*The Sun* [UK]，2018年9月6日），视频，8：48，检索于2022年4月15日，https://www.youtube.com/watch?v=aJZ-xxRLjdg。

[2] **闻起来像“大粪”**：*Washington Post*，2018年9月5日。

[3] **威尔·恩布里（Will Embrey）说：“我需要帮助。”**：2018年7月26日于佛罗里达州斯图尔特参会时的笔记。

[4] **宣布进入公共卫生“危机”状态**：*Treasure Coast Newspapers*，2018年7月28日。

[5] **“是正在发生的事情！”**：2018年7月26日于佛罗里达州斯图尔特参会时的笔记。

[6] **“与20世纪30年代发生的美国尘暴（American Dust Bowl）……相差无几”**：约翰·R. 瓦伦泰恩，《藻暴：湖泊与人类》（*The Algal Bowl: Lakes and Man*）（渥太华：环境部，渔业与海事局，1974），第9页。

[7] **“善待地球”**：约翰·R. 瓦伦泰恩，“‘约翰尼生物圈’”，*Environmental Conservation*，第11卷，第4期（1984）：第363—364页，检索于2022年4月15日，https://www.cambridge.org/core/journals/environmental-conservation/article/johnny-biosphere/DCD355DAB68FFAA44063AoB91EAD3713B1。

[8] **验尸官曾说……蓝藻毒素：**伊恩·斯图尔特（Ian Stewart），佩内洛普·M. 韦布（Penelope M. Webb），菲利普·J. 施吕特（Philip J. Schluter），格伦·R. 肖（Glen R. Shaw），“休闲与职业领域中的淡水蓝细菌暴露——针对零星案例报告，流行病学研究和流行病学评估的挑战所做的综述”（Recreational and Occupational Field Exposure to Freshwater Cyanobacteria—a Review of Anecdotal and Case Reports, Epidemiological Studies and the Challenges for Epidemiologic Assessment），*Environmental Health: A Global Access Science Source*，第5卷，第6期（2006），doi:10.1186/1476-069X-5-6. 有关该名男孩的实际死因尚存争论。

[9] **356头非洲大象……死亡：***New York Times*，2021年3月25日。

[10] **软体动物几乎会吃掉除了蓝绿藻以外的所有浮游生物：**密歇根州立大学（Michigan State University）。“斑贝是在吃掉还是在帮助有毒的藻类？”（Are Zebra Mussels Eating or Helping Toxic Algae?），*Science Daily*（2021年6月24日），检索于2022年4月15日，https://www.sciencedaily.com/releases/2021/06/210624135534.htm。

[11]**（化石）积淀是命运的馈赠：***Buffalo Weekly Express*，1891年8月27日。

[12] **这些肥料矿……分布在佛罗里达州中部……：**“磷酸盐”，佛罗里达州环境保护、采矿与减灾项目部（Florida Department of Environmental Protection, Mining and Mitigation Program），检索于2022年4月26日。

[13] **就会产生五吨有轻度放射性的废料：**“天然放射性物质衍生废弃物：肥料与肥料生产废弃物”（“TENORM: Fertilizer and Fertilizer Production Wastes”），美国环境保护署（US Environmental Protection Agency），检索于2022年4月26日，https://www.epa.gov/radiation/tenorm-fertilizer-and-fertilizer-production-wastes。

[14] **人们为了争抢……路床上的卵石而相互开枪殴斗：**阿奇·弗雷德里克·布莱基（Arch Fredric Blakey），《佛罗里达的磷酸盐工业：一种重要矿物的开发和利用史》（*The Florida Phosphate Industry: A History of the Development and Use of a Vital Mineral*）（Cambridge, MA: Harvard University Press，1973），第32页。（这个说法可能是虚构的，但正如布莱基所指出的，当时佛罗里达州中部也有类似的故事。）

[15] **闻所未闻的最严重的自然资源短缺：***Foreign Policy*，2010年4月20日。

[16] **这就是磷的悖论：**蒂姆·拉菲德（Tim Lougheed），“磷的悖论：一种关键营养素的稀缺与过量”（Phosphorus Paradox: Scarcity and Overabundance of a

Key Nutrient), *Environmental Health Perspectives* 第119卷，第5期（2011）：第A208—213页，检索于2022年4月15日，https://doi .org/10.1289/ehp.119-a208。

［17］**环境可一直都是佛罗里达州的王牌：** *Naples Daily News*，2018年7月14日。

第1章 魔鬼元素

［18］**“像闪电一样从我的牛仔裤里冒出来”：** 2019年11月10日对作者的采访。

［19］**诺萨克几周后回忆道：** 汉斯·诺萨克，《结局》（*The End*）（University of Chicago Press，2006），第7—8页。

［20］**制定了一种对城市更具破坏性的轰炸方式：** 约尔格·弗里德里克（Jörg Friedrich），《烈焰：1940—1945年对德国的轰炸》（*The Fire: The Bombing of Germany, 1940–1945*）（New York: Columbia University Press，2008），第9页。

［21］**对“打击敌人的士气有着显著的影响”：** 阿瑟·特拉弗斯·哈里斯（Arthur Travers Harris），《轰炸机攻势》（*Bomber Offensive*）（London: Collins，1947），第162页。

［22］**1 000多个坚固的掩体：** *New York Times*，2019年10月21日。

［23］**50分钟后，炸弹投掷停下来了：** 皇家空军轰炸机司令部60周年纪念：战役日记，July 1943（Royal Air Force Bomber Command 60th Anniversary: Campaign Diary, July 1943）。

［24］**两英里宽的气旋型火灾暴风：** 贾森·福托菲尔（Jason Forthofer），凯尔·香农（Kyle Shannon）以及布雷特·巴特勒（Bret Butler），利用数值模拟研究大规模火灾漩涡的成因（*Investigating Causes of Large Scale Fire Whirls Using Numerical Simulation*）［Missoula，MT：美国农业部林务局（USDA Forest Service），落基山研究站（Rocky Mountain Research Station），2009］。

［25］**风……其威力足以掀倒三英尺粗的树木：** 约翰·格雷汉（John Grehan）与马丁·梅斯（Martin Mace），《轰炸机哈里斯：阿瑟·哈里斯爵士对战争行动的调遣，1942—1945》（*Bomber Harris: Sir Arthur Harris' Despatch on War Operations, 1942–1945*）（Pen & Sword Aviation，2014），第45页。

［26］**老式管风琴上同时弹奏出所有音符：** 伊戈尔·普里莫拉茨（Igor Primoratz）编，《从天而降的恐怖：第二次世界大战中对德国城市的轰炸》（*Terror from the Sky: The Bombing of German Cities in World War II*）

(New York: Berghahn, 2010), 第 98 页。

[27] **一些人跳进水渠里来扑灭这种化学火焰:** 在汉堡圣尼古拉教堂游客中心观看的电影作者的亲历描述。

[28] **把成堆的灰烬称一下重量，然后估算死亡人数:** R. J. 奥弗里 (R. J. Overy),《轰炸者与被炸者：盟军欧洲之战》(*The Bombers and the Bombed: Allied War over Europe, 1940–1945*) (New York: Viking, 2014), 第 260 页。

[29] **而不是设在勃兰特的家庭实验室这个可能的真实场景中:** 玛丽·阿尔维拉·威克斯 (Mary Alvira Weeks),《化学元素发现史》(*Discovery of the Elements*) (Easton, PA: Journal of Chemical Education, 1956), 第 22 页。

[30] **描述他，"鲜为人知，出身低微":** 爱德华·法伯 (Eduard Farber),《磷的历史》(*History of Phosphorus*) (Washington, DC: Smithsonian Institution Press, 1966), 引自威廉·洪贝格 (Wilhelm Homberg)。

[31] **"亨尼希·勃兰特，医学和哲学博士":** "孔克尔与磷的早期历史" (Kunckel and the Early History of Phosphorus), *Journal of Chemical Education* (September 1927), 第 1109 页。

[32] **……将铅变成黄金在今天听起来很荒唐:** 这实际上是可以做到的，尽管成本极高。威斯康星大学密尔沃基分校化学系主任乔·奥尔茨塔特 (Joe Aldstadt) 表示："1980 年，格伦·西博格 (Glenn Seaborg) 从铋中剥离出质子，制造出了黄金，尽管只有几千个原子，但制造十亿分之一的黄金成本约为 10 000 美元！因此，亚里士多德 (Aristotle) 在理论上实际上是正确的，元素是可转变的，存在着一种'原初物质'。我会提名质子为原初物质，但粒子物理学家可能会有不同看法……"

[33] **点金石……将……铅转化为纯金:** 劳伦斯·普林奇佩,《炼金术的秘密》(*The Secrets of Alchemy*) (Chicago: University of Chicago Press, 2013), 第 125 页。

[34] **"它会带来很多危害。":** "孔克尔与磷的早期历史", *Journal of Chemical Education* (September 1927), 第 1110 页。

[35] **一份 18 世纪的实验说明，上面记录着……详细步骤:**《化学起源和实践的要素》(*Elements of the Origin and Practice of Chemistry*), 第 5 版 (Edinburgh, 1777), 第 197—204 页。

第 2 章　被打破的生命循环

[36] **"木头、树皮和树根都来自水这一种东西。":** 德米特里·舍维拉 (Dmitry

Shevela），拉尔斯·奥洛夫·比约恩（Lars Olof Björn），以及戈文吉（Govindjee），《光合作用：生命的太阳能》（*Photosynthesis: Solar Energy for Life*）（Singapore: World Scientific Publishing Company，2018），第2页。

[37] **“骨头只有一箱”**：加雷思·格洛弗，与作者的交流，2019年3月18日。

[38] **来满足伦敦假牙市场的巨大需求**：布兰斯比·布莱克·库珀（Bransby Blake Cooper），《阿斯特利·库珀男爵的一生，及其笔记中当代杰出人物素描》（*The Life of Sir Astley Cooper, Bart., Interspersed with Sketches from His Notebooks of Distinguished Contemporary Characters*），Vol. 1（London: John W. Parker，1843）。

[39] **“许多骨骼属于人类。”**：*Morning Post*（London），1819年5月15日。

[40] **死去的士兵是最有价值的商品**：*Morning Post*（London），1822年10月19日。

[41] **带来了农作物奇迹般的高产**：*New England Farmer*，1827年2月2日。

[42] **“如果没有骨肥助力”**：*Chronicle*（Leicester），1839年6月22日。

[43] **“你希望成为一个征服者吗？”**：维克托·沃尔夫冈·冯·哈根（Victor Wolfgang Von Hagen），《南美的召唤：伟大的博物学家的探索》（*South America Called Them: Explorations of the Great Naturalists*）（New York: Knopf，1945），第88页。

[44] **错综复杂的网状结构**：安德烈娅·伍尔夫（Andrea Wulf），《创造自然》（*The Invention of Nature*）（New York: Vintage，2015），第290页。

[45] **博物学家称洪堡是“有史以来最伟大的科学旅行者”**：伍尔夫，《创造自然》，第333页。

[46] **估计就有500万只筑巢的海鸟**：冯·哈根，《南美的召唤》，第154—155页。

[47] **被安第斯山脉吸走了**：戴维·霍利特（David Hollet），《比黄金更珍贵：秘鲁鸟粪贸易的故事》（*More Precious than Gold: The Story of the Peruvian Guano Trade*）（Madison, NJ: Fairleigh Dickinson University Press，2008），第9页。

[48] **欧洲……似乎并没有觉得……有什么了不起**：赫尔穆特·德特拉（Helmut De Terra），《洪堡：亚历山大·冯·洪堡的生平与时代》（*Humboldt: The Life and Times of Alexander Von Humboldt*）（New York: Knopf，1955），第196页。

[49] **很快，岛上的农业生产用地就增加了一倍**：格雷戈里·T. 库什曼（Gregory T. Cushman），《海鸟粪与太平洋世界的开放：全球生态史》（*Guano and the*

Opening of the Pacific World: A Global Ecological History)(Cambridge University Press，2013)，第 30—32 页。

[50] **他的余生——总共 2 027 天：** 埃丽卡·蒙克维茨（Erica Munkwitz）与詹姆斯·L. 斯旺森（James L. Swanson），《圣赫勒娜之旅：拿破仑最后的居所》(“A Journey to St. Helena, Home of Napoleon’s Last Days”) *Smithsonian Magazine*（April 2019）。

[51] **1816 年，威灵顿在给一位朋友的信中写道：** 蒙克维茨与斯旺森，《圣赫勒娜之旅》。

[52] **数百艘船只……从南美西海岸……：** 英国皇家学会，“海鸟粪统计”(Statistics of Guano)，*Journal of the American Geographical and Statistical Society* 第 1 卷，第 6 期（June 1859）：第 181—189 页，https://doi.org/10.2307/196154。

[53] **……影响简直是“神乎其神”：** *Liverpool Mercury*，1843 年 3 月 3 日。

[54] **“鸟是一个组织精当的化学实验室”：** 弗里曼·亨特（Freeman Hunt），“鸟粪简史”(Brief History of Guano)，*The Merchants’ Magazine and Commercial Review,* Vol. 34: From January to June, Inclusive，第 1856 页（F. Hunt，1856），第 118 页，FB&C 重印，2017 年，https://www.google.com/books/edition/The_Merchants_Magazine_and_Commercial_Re/OHpuswEACAAJ?hl=en 。

[55] **“他感觉到其中的一些粉尘进入了他的喉咙”：** 吉米·斯卡格斯（Jimmy Skaggs），《鸟粪狂潮：企业家与美国的海外扩张》(*The Great Guano Rush: Entrepreneurs and American Overseas Expansion*)(New York: St. Martin’s Press，1994)，第 6 页。详见查尔斯·基德（Charles Kidd），医学博士，*Medical Times*（J. Angerstein Carfrae，1845）。

[56] **死亡率超过 30%：** 瓦特·斯图尔特（Watt Stewart），《秘鲁对中国人的奴役》(*Chinese Bondage in Peru*)(Durham, NC: Duke University Press，1951)，第 62 页。

[57] **运往秘鲁的劳工人数高达 10 万人：** 本杰明·纳瓦埃斯（Benjamin Narvaez），《古巴与秘鲁的苦力：种族、劳力与移民，1839—1886》(*Coolies in Cuba and Peru: Race, Labor, and Immigration, 1839–1886*)[博士论文，得克萨斯大学奥斯汀分校（University of Texas-Austin），2010]，第 4 页。

[58] **矿工手拉手从一座鸟粪山上跳下身亡：** *Weekly Standard*（Raleigh, NC），1858 年 6 月 2 日。

[59] **大陆的鸟粪基本上可以做到“无限量供应”：** W. M. 马修（W. M.

Mathew),《吉布斯公司与秘鲁海鸟粪的垄断》(*The House of Gibbs and the Peruvian Guano Monopoly*)(Royal Historical Society, 1981),第 146 页。

[60] **1840—1880 年……近 280 亿磅……鸟粪:** 格雷戈里·T. 库什曼,"'世界上最有价值的鸟类':国际保护科学与秘鲁鸟粪产业的复兴,1909—1965"("'The Most Valuable Birds in the World': International Conservation Science and the Revival of Peru's Guano Industry, 1909 -1965"),*Environmental History* 第 10 卷,第 3 期(July 2005):第 477—509 页。

[61] **总让人联想到死亡与坟墓:** 亚历山大·詹姆斯·达菲尔德(Alexander James Duffield),《海鸟粪时代的秘鲁:对海鸟粪储量最近考察的概述,以及对其产生的财富及其应用的一些思考》(*Peru in the Guano Age: Being a Short Account of a Recent Visit to the Guano Deposits, with Some Reflections on the Money They Have Produced and the Uses to which It Has Been Applied*)(United Kingdom: R. Bentley and Son, 1877),第 89 页。

[62] **他又在牛津大学学习了一段时间,同样一无所成:** E. 约翰·罗素(E. John Russell),《英国农业科学史,1620—1954》(*A History of Agricultural Science in Great Britain, 1620-1954*)(London: George Allen & Unwin, 1966),第 89 页。

[63] **在 1840—1880 年……平均产量几乎翻了一番:** 亚里夫·科恩(Yariv Cohen),霍尔格·基希曼(Holger Kirchmann),以及帕特里克·恩凡(Patrik Enfält),"磷资源管理——历史回顾、主要问题和可持续发展对策"(Management of Phosphorus Resources — Historical Perspective, Principal Problems and Sustainable Solutions),引自苏尼尔·库马尔(Sunil Kumar)编,《综合废物管理》(*Integrated Waste Management*),第 2 卷(London: IntechOpen, 2011),第 250 页。

[64] **这些元素都可以在空气和水中大量存在:** 亚采克·安东凯维奇(Jacek Antonkiewicz)与简·瓦本托维奇(Jan Łabętowicz),"从古希腊罗马到近代历史连续体中植物营养的化学创新"(Chemical Innovation in Plant Nutrition in a Historical Continuum from Ancient Greece and Rome until Modern Times),*Chemistry-Didactics-Ecology-Metrology* 第 21 卷,第 1—2 期(December 2016):第 34 页。

[65] **"限制因子"定律……是革命性的:** 许多人认为,同为德国人的卡尔·斯普伦格尔(Carl Sprengel)开创了以矿基植物营养的概念,并在利比希推广之前提出了最短年限定律。

［66］**为每块田地开出不同肥料处方：**威廉·布罗克（William Brock），《尤斯图斯·冯·利比希：化学守门人》（*Justus Von Liebig: The Chemical Gatekeeper*）（Cambridge University Press 1997C），第145页。

［67］**再买回……恣意挥霍掉的资源的千分之一：**布罗克，《尤斯图斯·冯·利比希》，第178页。

第3章 从骨头到石头

［68］**一名……德国士兵后来回忆道：**小本杰明·A. 希尔（Benjamin A. Hill Jr.），"化学事故医疗管理史"（History of Medical Management of Chemical Casualties），见《医学层面的化学战》（*Medical Aspects of Chemical Warfare*），军事医学教材，雪莉·D. 图奥林斯基（Shirley D. Tuorinsky）编（Washington, DC: US Government Printing Office, August 2014），第80页。

［69］**化学武器攻击造成双方130万人伤亡：**萨拉·埃弗茨（Sarah Everts），"化学战简史"（A Brief History of Chemical War），科学史研究所（Science History Institute）（2015年5月11日），检索于2022年4月27日，https://www.sciencehistory.org/distillations/a-brief-history-of-chemical-war。

［70］**哈博制氮法给……赢得了存活的机会：**简·威廉·埃里斯曼（Jan Willem Erisman），马克·A. 萨顿（Mark A. Sutton），詹姆斯·加洛韦（James Galloway），兹比格涅夫·克利蒙特（Zbigniew Klimont），与维尔弗里德·维尼沃特（Wilfried Winiwarter），"百年合成氨如何改变了世界"（How a Century of Ammonia Synthesis Changed the World），*Nature Geoscience* 第1卷（2008）：第636—639页。

［71］**从附近的悬崖上摔了下来：**帕特里夏·皮尔斯（Patricia Pierce），"侏罗纪玛丽：玛丽·安宁与远古时期的怪兽"（*Jurassic Mary: Mary Anning and the Primeval Monsters*）（Gloucestershire, England: The History Press, 2014），第17页。

［72］**"她对这门科学的理解已经超过了……所有人"：**休·托伦斯（Hugh Torrens），*The British Journal for the History of Science* 第28卷，第3期（September 1995）：第257—284页。

［73］**在英格兰的一些沿海地区也发现了……散落在地表：**拉里·E. 戴维斯（Larry E. Davis），"玛丽·安宁：古生物学的公主和地质学的雌狮"（Mary Anning: Princess of Palaeontology and Geological Lioness），*The Compass: Earth Science Journal of Sigma Gamma Epsilon* 第84卷，第1期

（2012）：第 78 页。

［74］**巴克兰认为，这些土块：**威廉·巴克兰，“莱姆里吉斯里阿斯统及其他地层中粪化石或化石粪便的发现”（On the Discovery of Coprolites, or Fossil Faeces, in the Lias at Lyme Regis, and in Other Formations），*Transactions of the Geological Society of London*，第 2 辑第 3 卷（1829）：第 224—225 页。

［75］**粪化石成为战争的记录：**巴克兰，“粪化石的发现”，第 235 页。

［76］**普莱费尔几年后回忆道：**（英国）皇家矿业学院［Royal School of Mines（Great Britain）］，实用地质学和地质调查博物馆（Museum of Practical Geology and Geological Survey），《矿山和应用于艺术的科学学院档案，第 1 卷，第 1 部分；开幕式与阶段课程介绍讲座，1851—1852》（*Records of the School of Mines and of Science Applied to the Arts 1, pt. 1; Inaugural and Introductory Lectures to the Course for the Session, 1851–1852*）（H. M. Stationery Office，1852），第 40—41 页。我最初是在伯纳德·奥康纳的《19 世纪英国化肥工业的起源、发展和影响》（*The Origins, Development and Impact on Britain's 19th Century Fertiliser Industry*）（Peterborough, England: Fertiliser Manufacturers Association，1993）一书中接触到这种交流的。

矿基肥料的发现不能完全归功于利比希和巴克兰（以及安宁）；那个时代的其他农学家（包括劳斯在内）也在各自寻找新型肥料的过程中发现了富含磷的岩矿。

［77］**所有这些石化碎屑中的磷就会富集起来：**斯蒂芬·M. 亚辛斯基（Stephen M. Jasinski），“当月矿产资源：磷酸盐岩”（Mineral Resource of the Month: Phosphate Rock），*Earth*（2015 年 1 月 28 日），检索于 2022 年 4 月 17 日，https://www.earthmagazine.org/article/mineral-resource-month-phosphate-rock/。

［78］**开采量在 19 世纪 70 年代达到顶峰：**开采数据是由肥料史学者伯纳德·奥康纳提供给作者的。

［79］**到 19 世纪 90 年代初，开采量急剧下降：**特雷弗·D. 福特（Trevor D. Ford）与伯纳德·奥康纳，“消失的行业：粪化石开采”（A Vanished Industry: Coprolite Mining），*Mercian Geologist* 第 17 卷（2009），第 93—100 页。（内容由作者奥康纳提供。）

［80］**每年开采的磷矿超过 100 万吨：**马克·V. 赫斯特（Marc V. Hurst），《东南地质学会野外考察指南第 67 号：佛罗里达州中部磷酸盐区》（*Southeastern Geological Society Field Trip Guidebook No. 67: Central Florida Phosphate*

District)，第 3 版（Tallahassee, FL：东南地质学会，2016 年 7 月 30 日）。

[81] **“每个人……决意要占有更多，否则就决一死战”**：阿奇·弗雷德里克·布莱基，《佛罗里达的磷酸盐工业：一种重要矿物的开发和利用历史》(Cambridge, MA: Harvard University Press，1973)，第 32 页。

[82] **“那块岩石总是会吸引我的目光”**：艾伯特·F. 埃利斯，《大洋岛与瑙鲁：它们的故事》(*Ocean Island and Nauru: Their Story*)(Sydney, Australia: Angus and Robertson，1936)，第 52—53 页。

[83] **埃利斯在日记中写道**：查利·米切尔（Charlie Mitchell），“新西兰摆脱不了对西撒哈拉磷酸盐的极度依赖”（New Zealand Can't Shake Its Dangerous Addiction to West Saharan Phosphate），*Stuff*，2018 年 9 月 12 日。

[84] **同事……讲了一些非常刻薄的话**：埃利斯，《大洋岛与瑙鲁》，第 55 页。首次出现在凯特琳娜·马丁娜·泰瓦（Katerina Martina Teaiwa）《迷人的大洋岛：巴纳巴人和磷酸盐的故事》(*Consuming Ocean Island: Stories of People and Phosphate from Banaba*)(Bloomington: Indiana University Press，2014)，第 43 页。

[85] **大洋岛……已经有至少 2 000 年的人类居住历史**：泰瓦《迷人的大洋岛》，第 48 页。

[86] **船员们发现一些居民**：H. C. 莫德（H. C. Maude）与 H. E. 莫德（H. E. Maude）编，《巴纳巴岛通鉴——莫德与格林贝尔论文集》(*The Book of Banaba, from the Maude and Grimble Papers*)(Suva, Fiji: Institute of Pacific Studies, University of the South Pacific，1994)，第 72—80 页。交换礼物的船员中有一个碰巧是几年前离开大洋岛并和澳大利亚船员一起回来的海岛当地人。

[87] **干旱持续到第三年时**：莫德与莫德编，《巴纳巴岛通鉴》(*The Book of Banaba*)，第 83 页。

[88] **埃利斯的船抵达大洋岛**：格雷戈里·T. 库什曼，《海鸟粪与太平洋世界的开放：全球生态史》(Cambridge: Cambridge University Press，2013)，第 118 页。

[89] **匆忙完成了第一天的勘察后**：埃利斯，《大洋岛与瑙鲁》，第 58 页。

[90] **作为回报，巴纳巴人每年将获得总计 50 英镑**：拉奥贝亚·西格拉（Raobeia Sigrah）与斯泰茜·M. 金（Stacey M. King），《巴纳巴辑要》(*Te Rii ni Banaba*)(Suva, Fiji: Institute of Pacific Studies, University of the South Pacific，2001)，第 170 页。

[91] **第二年，出口量猛增到 13 350 吨**：埃利斯，《大洋岛与瑙鲁》，第 106 页。

[92] **巴纳巴人得到的回报不到 10 000 英镑**：泰瓦，《迷人的大洋岛》，第 18 页。

[93] **1912 年，《悉尼先驱晨报》有这样的报道**：泰瓦，《迷人的大洋岛》，第 17 页。

[94] **对最近遭受严重干旱的岛民来说……离谱**：铂尔 · 宾德（Pearl Binder），《宝藏之岛：大洋岛居民的苦难》（*Treasure Islands: The Trials of the Ocean Islanders*）（United Kingdom, Blond and Briggs，1977），第 54 页。

[95] **《维多利亚每日时报》报道说**：*Victoria Daily Times*, July 3，1920，第 21 页。作者首次在库什曼的《海鸟粪与太平洋世界的开放》一书中见到这种描述。

[96] **岛上的磷有很多用处，但对岛民来说却百无一用**：西格拉与金，《巴纳巴辑要》，第 329 页。

[97] **盟军把幸存下来的大约 700 名巴纳巴人……集中起来**：K. J. 潘顿（K. J. Panton），《大英帝国历史词典》（*Historical Dictionary of the British Empire*）（Rowman & Littlefield，2015），第 384 页。

[98] **运出的最后一批磷矿石采自岛上的高尔夫球场**：泰瓦，《迷人的大洋岛》，第 61 页。

第 4 章 沙漠战争

[99] **寻找急需的……磷等自然资源**：利诺 · 坎普鲁维（Lino Camprubi），"资源地缘政治：冷战技术、全球肥料与西撒哈拉的命运"（Resource Geopolitics: Cold War Technologies, Global Fertilizers, and the Fate of Western Sahara），*Technology and Culture* 第 56 卷，第 3 期（2015）：第 676—703 页。

[100] **该矿雇用的工人数量就达到了大约 2 600 人**：托尼 · 霍奇斯（Tony Hodges），《西撒哈拉：沙漠战争的根源》（*Western Sahara: The Roots of a Desert War*）（L. Hill，1983），第 127—130 页。

[101] **联合国……将西撒哈拉描述为"……非自治领土"**："安全理事会一致通过第 2351（2017）号决议，延长联合国西撒哈拉全民投票特派团的任务期限"，联合国，2017 年 4 月 28 日，检索于 2022 年 4 月 18 日，https://www.un.org/press/en/2017/sc12807.doc.htm。

[102] **摩洛哥国王哈桑二世（King Hassan II）派遣 35 万名臣民……跨过边境**：*Edmonton Journal*，1976 年 4 月 9 日。

[103] **“自古以来”就是摩洛哥的一部分：** *Washington Post*，2001 年 10 月 21 日。

[104] **“控制了全球磷酸盐贸易的大约 80%”：** *Calgary Herald*，1976 年 4 月 9 日。

[105] **化肥产量……增加了 6 倍：** 达娜·科德尔与斯图尔特·怀特（Stuart White），“磷峰值：澄清长期磷安全激烈争论的关键问题”（Peak Phosphorus: Clarifying the Key Issues of a Vigorous Debate about Long-Term Phosphorus Security），*Sustainability* 第 3 卷，第 10 期（2011）：第 2027—2049 页。

[106] **地球的作物产量必须再翻一番：** 迪帕克·K. 雷（Deepak K. Ray），纳撒尼尔·D. 米勒（Nathaniel D. Mueller），保罗·C. 韦斯特（Paul C. West），与乔纳森·A. 福利（Jonathan A. Foley），“产量趋势不足以使全球农作物产量在 2050 年翻一番”（Yield Trends Are Insufficient to Double Global Crop Production by 2050），*PLOS ONE*（2013 年 6 月 19 日），https://doi .org/10.1371/journal.pone.0066428。

[107] **每年总共从地球上开采约 2.5 亿吨的磷矿石：** “磷矿石”，矿产商品摘要，美国地质调查局（“Phosphate Rock,” Mineral Commodity Summaries, US Geological Survey），January 2020，检索于 2022 年 4 月 18 日，https://pubs.usgs.gov/periodicals/mcs2020/mcs2020-phosphate.pdf。

[108] **食品消费要占到其家庭收入的 3/4：** *New York Times*，2008 年 4 月 10 日。

[109] **在与饥饿作斗争中“没有胜算机会”：** “佐利克（Zoellick）在全球发展中心的演讲中敦促世界银行采用新的方式”（Zoellick Pushes New Approaches for World Bank in CGD Speech），Center for Global Development，2008 年 4 月 7 日，检索于 2022 年 4 月 18 日，https://www.cgdev.org/article/zoellick-pushes-new-approaches-world-bank-cgd-speech。

[110] **“否则我们都会有挨饿的风险”：** 杰里米·格兰瑟姆，“言之有力，行之无畏，处之坦然”[Be Persuasive. Be Brave. Be Arrested (if Necessary)]，*Nature*（2012 年 11 月 15 日）。

[111] **“矿石储量在任何时候都只够使用几十年”：** 蒂姆·沃斯托，“杰里米·格兰瑟姆针对资源可获得性的理解大错特错”（What Jeremy Grantham Gets Horribly, Horribly Wrong about Resource Availability），*Forbes*（2012 年 11 月 15 日）。

[112] **“每隔十年人们就会说磷矿资源将会枯竭”：** 勒妮·丘（Renee Cho），“磷：生命所必需的元素——我们快耗尽了吗？”（Phosphorus: Essential to

Life—Are We Running Out?)，哥伦比亚大学气候学院（Columbia Climate School)，2013 年 4 月 1 日，检索于 2022 年 4 月 18 日，https://blogs.ei.columbia.edu/2013/04/01/phosphorus-essential-to-life-are-we-running-out/。

［113］**政府经营的磷肥公司最新一份年报的第一页：**“2016 年年报”，OCP Group. 文件为作者所拥有。

［114］**“如果没有摩洛哥的储量……我们根本无法维持很长时间”：**杰里米·格兰瑟姆，“重新审视我们生命的竞赛”（The Race of Our Lives Revisited)，GMO 白皮书，August 2018，检索于 2022 年 4 月 18 日，https://www.gmo.com/globalassets/articles/white-paper/2018/jg_morningstar_race-of-our-lives_8-18.pdf。

［115］**纳吉拉 2018 年在……发表了一封公开信，信中写道：**纳吉拉·穆罕默德拉明，*Stuff*，2018 年 9 月 21 日。

第 5 章 肮脏的肥皂

［116］**内战期间，每有一名士兵在战场上阵亡，就会有两名士兵死于疾病：**J. S. 萨廷（J. S. Sartin)，“内战期间的传染病：‘第三支军队’的胜利 ”（Infectious Diseases during the Civil War: The Triumph of the ‘Third Army’)，*Clinical Infectious Diseases* 第 16 卷，第 4 期（April 1993)：第 580—584 页，检索于 2022 年 4 月 19 日，doi: 10.1093/clind/16.4.580。

［117］**普罗克特在他的研究人员开始研究各种化学清洁配方时就曾提醒过：**戴维斯·戴尔（Davis Dyer)，弗雷德里克·达尔泽尔（Frederick Dalzell)，与罗伊娜·奥莱加里奥（Rowena Olegario)，《浪尖上的宝洁：宝洁 165 年品牌建设的经验教训》（*Rising Tide: Lessons from 165 Years of Brand Building at Procter & Gamble*）（Boston: Harvard Business School Press，2004)，第 70 页。引自“汰渍合成洗涤剂的发展”（Development of Tide Synthetic Detergent)，美国化学学会（American Chemical Society)，2006，检索于 2022 年 4 月 19 日，https://www.acs.org/content/acs/en/education/whatischemistry/landmarks/tidedetergent.html#inventing-tide。

［118］**一种化学助剂……中和硬水中的矿物质：**汰渍的发展（*The Development of Tide*)（手册)，美国化学学会，2004 年 10 月 25 日，检索于 2022 年 4 月 18 日，https://www.acs.org/content/dam/acsorg/education/whatischemistry/landmarks/tidedetergent/development-of-tide-commemorative-booklet.pdf。

［119］**一盒这样的洗涤剂就可以制造出“泡泡的海洋”：**戴维斯·戴尔，弗

雷德里克·达尔泽尔，与罗伊娜·奥莱加里奥，《浪尖上的宝洁》，第75—76页。

[120] **到20世纪50年代初，宝洁公司已经成为全美最大的广告商：**“宝洁的尼尔·麦克尔罗伊（Neil McElroy）——《时代》杂志1953年文章”（Neil McElroy of Procter and Gamble — *Time* Magazine 1953 Article），Marketing Master Insights（博客），2012年4月7日，检索于2022年4月19日，http://marketingmasterinsights.com/input/tag/neil-mcelroy/。

[121] **每年售出的合成洗涤剂就达到了10亿磅：***Appleton Post Crescent*，1951年10月24日。

[122] **一团团的气泡……倾泻而出，导致了车祸：***Chicago Tribune*，1963年1月13日。

[123] **一个气泡团几乎高出河岸有5层楼高：***Pittsburgh Press*，1964年9月2日。

[124] **这些水域又正是公共饮用水系统管道的取水区：**UPI 转 *St. Petersburg Times*，1962年7月29日。摘自原文：

水龙头中流出了免费的肥皂水

最近的一天早晨，伊斯特伍德路14号的雷蒙德·乔伊斯（Raymond Joyce）太太把早餐盘子堆在水槽旁，打开水龙头，等着肥皂泡积聚起来。然后她洗了碗。这种事每天都在发生。

[125] **罗伊斯回来后在国会作证时说：***Bristol (PA) Daily Courier*，1963年2月19日。

[126] **关于泡沫难题的研讨会上……发言人对一群环境卫生工程师说：***Minneapolis Star*，1962年12月8日。

[127] **当时的报纸专栏作家们为伊利湖写下了悼词：***Oil City Derrick*，1966年3月31日。

[128] **俄亥俄州的一位编辑也写道：***Times Recorder*（Zanesville, Ohio），1967年4月15日。

[129] **伊利湖中的溶解磷含量几乎增加了两倍：**第91—1004号报告，洗涤剂中的磷酸盐和美国水域的富营养化（*Phosphates in Detergents and the Eutrophication of America's Waters*），第91届国会会议（1970年4月14日），第6页。

[130] **每年生产约40亿磅的洗涤剂：**小A. H. 费尔普斯（A. H. Phelps Jr.），“肥皂和洗涤剂生产过程中的空气污染问题”（Air Pollution Aspects of Soap and Detergent Manufacture），*Journal of the Air Pollution Control*

Association 第 17 卷，第 8 期（1967）：第 505—507 页，doi:10.1080/00022470.1967.10469009。

［131］**废水中多达 70% 的磷可以溯源：** 第 91—1004 号报告，洗涤剂中的磷酸盐和美国水域的富营养化，第 73 页。

［132］**洗涤剂有……% 的重量是磷酸盐：** 戴维·兹维克（David Zwick），马西·本斯托克（Marcy Benstock），与拉尔夫·纳德（Ralph Nader），《水的荒原：拉尔夫·纳德研究小组的水污染报告》（*Water Wasteland: Ralph Nader's Study Group Report on Water Pollution*）（New York: Grossman，1971），第 451 页。

［133］**发言人 1969 年在国会听证会上作证说：** 第 91—1004 号报告，洗涤剂中的磷酸盐和美国水域的富营养化，第 63—64 页。

［134］**"富营养化的湖泊可能只是一个小小的代价"：** 第 91—1004 号报告，洗涤剂中的磷酸盐和美国水域的富营养化，第 29 页。

［135］**"做 3 个人的工作会比做几亿人的工作更容易"：** 第 91—1004 号报告，洗涤剂中的磷酸盐和美国水域的富营养化，第 49 页。

［136］**与此同时，洗涤剂行业认为，"没有证据"：** 第 91—1004 号报告，洗涤剂中的磷酸盐和美国水域的富营养化，第 21 页。

［137］**奖学金委员会向他提出一连串意想不到的问题：** *Star Tribune*（Minneapolis, MN），1961 年 12 月 24 日。

［138］**理解能量在湖泊中流动方式的关键：** 尼克·扎戈尔斯基（Nick Zagorski），"戴维·W. 申德勒简介"（Profile of David W. Schindler），*Proceedings of the National Academy of Sciences* 第 103 卷，第 19 期（2006 年 5 月 9 日），第 7207—7209 页，检索于 2022 年 4 月 19 日，http://www.pnas.org/content/103/19/7207#ref-3。

［139］**"尽管 227 号湖的实验结果使那些……闭上了嘴巴"：** D. W. 申德勒，"实验湖项目的个人史"（A Personal History of the Experimental Lakes Project），*Canadian Journal of Fisheries and Aquatic Sciences* 第 66 卷，第 11 期（2009 年 10 月 22 日）：第 1140 页，https://doi.org/10.1139/F09-134。

［140］**"我们可能会在满是垃圾的世界里苟活残生"：** *Boston Globe*，1970 年 7 月 21 日。

［141］**美国洗涤剂行业同意……磷含量限制：** 戴维·W. 利特克（David W. Litke），《美国磷控制措施及其对水质的影响综述》（*Review of Phosphorus Control Measures in the United States and Their Effects on Water Quality*），

US Geological Survey Water Resources Investigations Report 99 -4007 (1999)，第 5 页，检索于 2022 年 4 月 22 日，https://pubs.usgs.gov/wri/wri994007/pdf/wri99-4007.pdf。

[142] **禁令……引起洗涤剂行业不满，它们提起诉讼，但以败诉告终：** *Nanaimo Daily News*，1971 年 6 月 9 日。

[143] **洗涤剂行业自愿从家用洗涤剂中去除了磷：** 利特克，《美国磷控制措施及其对水质的影响综述》，第 1 页。

第 6 章 有毒之水

[144] **"我都不会离开那个湖边"：** 作者访谈，2018 年 7 月 9 日。

[145] **畜牧养殖业也不断扩张着：** "大湖区恢复倡议 FA3 优先流域概况：莫米流域"(GLRI FA3 Priority Watershed Profile: Maumee Watershed)，大湖区委员会(Great Lakes Commission)，检索于 2022 年 4 月 19 日，https://www.glc.org/wp-content/uploads/Maumee-Watershed-Profile.pdf。

[146] **农业还是……的主要根源：** "伊利湖减磷目标富有挑战但尚可达到"(Lake Erie Phosphorus-Reduction Targets Challenging but Achievable)，*Michigan News*，University of Michigan，检索于 2022 年 4 月 19 日，https://news.umich.edu/lake-erie-phosphorus-reduction-targets-challenging-but-achievable/。

[147] **畜牧场……都有权处理自身产生的粪便，基本上不受监管：** 俄亥俄州环境保护署，"集约化规模畜禽养殖场国家污染物排放削减许可证——联邦法规概述"(CAFO NPDES Permit-General Overview of Federal Regulations)，俄亥俄州环境保护署(Ohio Environmental Protection Agency)情况说明，检索于 2022 年 4 月 19 日，https://epa.ohio.gov/static/Portals/35/cafo/NPDESPartI.pdf。

[148] **每一种农畜所需的室内空间有一定的标准：** "莫米河流域不受监管的工厂化农场的暴发助长了伊利湖的有毒藻华"(Explosion of Unregulated Factory Farms in Maumee Watershed Fuels Lake Erie's Toxic Blooms)，环境工作组(Environmental Working Group)，检索于 2022 年 4 月 19 日，https://www.ewg.org/interactive-maps/2019_maumee/。

[149] **迈尔斯一边对我说，一边调皮地向四周投去狡黠的目光：** 作者访谈，2019 年 7 月 9 日。

[150] **一位澳大利亚化学家报告了……一个湖泊出现"如油画颜料一般绿"**

的浮沫：*Nature*（1878 年 5 月 2 日），第 12 页。

[151] **其血液净化器官已经黑得像煤炭一样：**伊恩·斯图尔特，艾伦·A. 西赖特（Alan A. Seawright），与格伦·R. 肖，“家畜、野生哺乳动物和鸟类的蓝细菌性中毒概述”（*Cyanobacterial Poisoning in Livestock, Wild Mammals and Birds–an Overview*），收录于 H. 肯尼思·赫德内尔（H. Kenneth Hudnell）编，《蓝细菌有害藻华：科学和研究需求现状》（Cyanobacterial Harmful Algal Blooms: State of the Science and Research Needs），Advances in Experimental Medicine and Biology，第 619 卷（New York: Springer，2008），第 615—616 页。

[152] **“我们这个州的立法机构是农业局的全资子公司”：***Toledo Blade*，2018 年 5 月 2 日。

[153] **“实际上，我们现在种植粮食并不是真正供人类食用。”：**作者访谈，2019 年 7 月 9 日。

[154] **在西北方向约 450 英里处的威斯康星州格林湾则是另一种情况：**本章部分内容最初出现在作者 2014 年夏天为《密尔沃基哨兵报》撰写的系列文章中。

[155] **位于“美国乳业之乡”中心地带，是一个快速郊区化的县：***Milwaukee Journal Sentinel*，2019 年 12 月 13 日。

[156] **大约 19 万公顷的农业用地上饲养了大约 12.5 万头牲畜：**“2017 年农业普查县概况：威斯康星州布朗县”（2017 Census of Agriculture County Profile: Brown County, Wisconsin），美国农业部（US Department of Agriculture），检索于 2022 年 4 月 20 日，https://www.nass.usda.gov/Publications/AgCensus/2017/Online_Resources/County_Profiles/Wisconsin/cp55009.pdf。

[157] **一位生物学家开始着手调查格林湾的鱼类大规模死亡事件：***Milwaukee Journal Sentinel*，2014 年 9 月 13 日，检索于 2022 年 4 月 22 日，https://www.jsonline.com/in-depth/archives/2021/09/02/dead-zones-haunt-green-bay-manure-fuels-algae-blooms/8100840002/。

[158] **福克斯河每年磷排入量：***Milwaukee Journal Sentinel*，2014 年 9 月 13 日。

[159] **升级污水处理系统……可能就需要花费约 1 亿美元：***Milwaukee Journal Sentinel*，2019 年 12 月 13 日。

[160] **“如果做不到明察善断，……也根本无法改善水质”：***Milwaukee Journal Sentinel*，2014 年 9 月 13 日。

[161] **污水处理区的一位前员工在谈到向支付农民不污染费用的计划时对我**

说了这样一句话：*Milwaukee Journal Sentinel*，2014 年 9 月 13 日。

[162] **“可能你比我更清楚”**：*Milwaukee Journal Sentinel*，2014 年 9 月 13 日。

[163] **而现在，一到七月，就不能再游泳了**：作者访谈，2019 年 8 月 7 日。

[164] **自 20 世纪 80 年代以来，……近 70% 的水体中藻华的情况在恶化**：杰夫·C. 霍（Jeff C. Ho），安娜·M. 迈克拉克（Anna M. Michalak），与尼马·帕勒万（Nima Pahlevan），“20 世纪 80 年代以来，全球范围内湖泊浮游植物密集繁殖现象普遍增多”（Widespread Global Increase in Intense Lake Phytoplankton Blooms since the 1980s），*Nature* 第 574 卷（2019 年 10 月），第 667—668 页。

[165] **年年暴发的藻类大量繁殖已经给美国……造成了超过 40 亿美元的损失**：霍、迈克拉克与帕勒万，“20 世纪 80 年代以来，全球范围内湖泊浮游植物密集繁殖现象普遍增多”，第 667—670 页。

第 7 章 空荡荡的海滩

[166] **这其中包括每年大约 160 万吨的氮**：《密西西比河 / 墨西哥湾流域养分特别工作组 2019—2021 年向国会、美国环境保护署提交的报告》（*Mississippi River/Gulf of Mexico Watershed Nutrient Task Force 2019−2021 Report to Congress, US Environmental Protection Agency*），美国环境保护署，2022。

[167] **艾奥瓦州……已成为减少墨西哥湾死水区的主战场**：*Des Moines Register*，2018 年 6 月 22 日。

[168] **关于禧年的记载已经有一个多世纪了**：“亚拉巴马州莫比尔湾底栖鱼类和甲壳类动物的散在性大规模向岸洄游”（Sporadic Mass Shoreward Migrations of Demersal Fish and Crustaceans in Mobile Bay, Alabama），*Ecology* 第 41 卷，第 2 期（1960 年 4 月），第 292—298 页。

[169] **鱼、虾和螃蟹……就完全可以安全食用**：“密西西比湾发生禧年；海鲜安全可食，但人们仍应谨慎”（Jubilee Occurring in Mississippi Sound; Seafood Safe to Eat, but People Should Use Caution），密西西比州海洋资源部新闻发布会，2017 年 7 月 27 日，https://dmr.ms.gov/jubilee-occurring-in-mississippi-sound-seafood-safe-to-eat-but-people-should-use-caution/。

[170] **“这是一种有毒的藻华。不要吃这些鱼”**：埃米莉·科顿，与作者的讨论，2019 年 7 月 24 日。

第 8 章　病恹恹的液体心脏

［171］**但你仍然可以看出埋在下面的人的名字缩写：**作者于 2018 年前往墓地寻找 1926 年洪灾遇难者墓碑。

［172］**杂货店在激流漩涡中垮塌了：***Tampa Tribune*，1926 年 9 月 23 日，第 4 页。

［173］**20 世纪 10 年代，佛罗里达州花费了大约 1 500 万美元修建了一套运河网络：***Appleton Post Crescent*，1929 年 2 月 9 日。

［174］**当地报纸的编辑，主张建造一座更高大厚实的新堤坝：***St. Petersburg Times*，1926 年 9 月 26 日。

［175］**"太过惊悚，不适合报纸报道"：***Miami News*，1928 年 9 月 23 日。

［176］**赫伯特·胡佛……向幸存者承诺联邦援助很快就到：**迈克尔·格伦沃尔德（Michael Grunwald），《沼泽》（*The Swamp*）（New York: Simon & Schuster，2006），第 198 页。

［177］**美国陆军工程兵团电影《命运之水》的旁白声嘶力竭地喊道：**《命运之水》（*Waters of Destiny*）（美国陆军工程兵团，1957），纪录片，25:50，佛罗里达记忆（Florida Memory），佛罗里达州立图书馆和档案馆（State Library and Archives of Florida），https://www.floridamemory.com/items/show/232410。

［178］**湖中的这种营养物质浓度大约翻了一番：**与奥基乔比湖流域奶牛场相关的流域磷问题研究（Examination of Basin Phosphorus Issues Associated with Lake Okeechobee Watershed Dairies）；美国奥杜邦学会（National Audubon Society）。文件为作者所拥有。

［179］**每年从支流流入……的磷高达 230 万磅：**乔伊丝·张（Joyce Zhang），扎克·韦尔奇（Zach Welch），与保罗·琼斯（Paul Jones），"第 8B 章：奥基乔比湖流域年度报告"（Chapter 8B: Lake Okeechobee Watershed Annual Report），见《南佛罗里达州环境》（*The South Florida Environment*），2020 年南佛罗里达州环境报告第 1 卷（2020 South Florida Environmental Report vol. 1）（West Palm Beach, FL: South Florida Water Management District，2020），8B-2，检索于 2022 年 4 月 21 日，https://apps.sfwmd.gov/sfwmd/SFER/2020_sfer_final/v1/chapters/v1_ch8b.pdf。

［180］**生物学家估计，……奥基乔比湖……最大承载量的大约 10 倍：**《佛罗里达州水体总最大日负荷、流域管理行动计划、最低流量 / 最低水位和恢复 / 预防策略的全州年度报告》（*Florida Statewide Annual Report* *on Total Maximum Daily Loads, Basin Management Action Plans, Minimum Flows or Minimum Water Levels and Recovery or Prevention Strategies*）中"附录 A：北部沼泽地和河口保护项目（NEEPP）流域管理行动计划"[Appendix A: Northern Everglades and Estuaries Protection Program（NEEPP）BMAPs]，（West Palm Beach, FL: South Florida Water Management District, 2018 年 6 月），第 17 页，检索于 2022 年 4 月 21 日，https://floridadep.gov/sites/default/files/2_3_2017STAR_AppendixA_NEEPP.pdf。

[181] **美国陆军工程兵团在一份报告中承认，"……那就是漏水"：** 美国陆军工程兵团，《奥基乔比湖和赫伯特·胡佛防洪堤坝：赫伯特·胡佛防洪堤坝渗流和稳定性问题工程评估摘要》（*Lake Okeechobee and the Herbert Hoover Dike: A Summary of the Engineering Evaluation of the Seepage and Stability Problems at the Herbert Hoover Dike*）（Jacksonville, FL: US Army Corps of Engineers Jacksonville District, n.d.），检索于 2022 年 5 月 3 日，http://cdnassets.hw.net/15/5a/f2357d1240f69f864e55df7b18dd/lakeoandhhdike.pdf。

[182] **伦敦劳埃德公司的一个风险评估专家小组在卡特里娜飓风之后对胡佛堤进行了勘察：** 劳埃德新兴风险团队，《赫伯特·胡佛防洪堤坝：对奥基乔比湖易受堤坝溃决影响程度；原因、影响和未来的探析》（*The Herbert Hoover Dike: A Discussion of the Vulnerability of Lake Okeechobee to Levee Failure; Cause, Effect and the Future*）（London: Lloyd's, n.d.），检索于 2022 年 4 月 21 日，https://assets.lloyds.com/media/528d8f9c-c805-4b60-a592-847b44201bd3/Lake_Okeechobee_Report.pdf。

[183] **"人们遭受痛苦和损失的可能性十分巨大"：** 美国陆军工程兵团，《奥基乔比湖与赫伯特·胡佛防洪堤坝》。

[184] **湖水在一个月内就可以上升 4 英尺之多：** 保罗·格雷，"高水位威胁奥基乔比湖的健康"（High Water Levels Threaten the Health of Lake Okeechobee），美国奥杜邦学会，2017 年 10 月 24 日，检索于 2022 年 4 月 21 日，https://fl.audubon.org/news/high-water-levels-threaten-health-lake-okeechobee。

[185] **赤潮……从远离海岸 40 英里的地方就有了：** 美国国家海岸海洋科学中心（National Centers for Coastal Ocean Science），"佛罗里达赤潮的动力来自何方？"（What Powers Florida Red Tides?），美国国家海洋与大气管理局（National Oceanic and Atmospheric Administration），2014 年 11

月 18 日，检索于 2022 年 4 月 26 日，https://coastalscience.noaa.gov/news/powers-florida-red-tides/。

[186] **岛民罹患这种疾病的比例是预期的 100 倍：**乔纳森·韦纳（Jonathan Weiner），“混乱”（The Tangle），*New Yorker*, April 3, 2005。

第 9 章 不要浪费

[187] **地球上的一些磷可能是由陨石带来的：**基思·库珀（Keith Cooper），“是陨石将生命中的磷带到了地球吗？”（Did Meteorites Bring Life's Phosphorus to Earth?），美国国家航空航天局天体生物学计划，检索于 2022 年 4 月 21 日，https://astrobiology.nasa.gov/news/did-meteorites-bring-lifes-phosphorus-to-earth/。

[188] **“像一个漏水的浴缸，缓缓地将这些营养排了出去”：**埃伦·格雷（Ellen Gray），“美国国家航空航天局的卫星揭示出撒哈拉沙尘对亚马孙植物提供营养成分的程度”（NASA Satellite Reveals How Much Saharan Dust Feeds Amazon's Plants），美国国家航空航天局地球科学新闻团队，2015 年 2 月 15 日，检索于 2022 年 4 月 21 日，https://www.nasa.gov/content/goddard/nasa-satellite-reveals-how-much-saharan-dust-feeds-amazon-s-plants。

[189] **在开采、提炼和运输过程中损耗的磷非常多：**达娜·科德尔与斯图尔特·怀特，“磷的可持续措施：实现磷安全的战略与技术”（Sustainable Phosphorus Measures: Strategies and Technologies for Achieving Phosphorus Security），*Agronomy* 第 3 卷（2013），第 86—116 页。

[190] **我们浪费了大约 80%……的磷酸盐：***Washington Post*，2016 年 2 月 16 日。

[191] **阿尔·戈尔曾经是联邦乙醇补贴的忠实拥趸：**杰勒德·温（Gerard Wynn），“戈尔：美国玉米乙醇‘不是一项好政策’”（U.S. Corn Ethanol 'Was Not a Good Policy': Gore），Reuters，2010 年 11 月 22 日，检索于 2022 年 4 月 21 日，https://www.reuters.com/article/us-ethanol-gore/u-s-corn-ethanol-was-not-a-good-policy-gore-idUSTRE6AL3CN20101122。

[192] **磷难题中涉事农场就多达大约 200 万个：**美国国家农业统计局（National Agricultural Statistics Service），“2010 年农业普查重点：农场和农田”（2010 Census of Agriculture Highlights: Farms and Farmland），美国农业部，September 2014，检索于 2022 年 4 月 22 日，https://www.nass.usda.gov/Publications/Highlights/2014/Highlights_Farms_and_Farmland.pdf。

[193] **埃尔瑟……与他人合著了一本很好的书**：吉姆·埃尔瑟（Jim Elser）与菲尔·海加思（Phil Haygarth），《磷：过去与未来》（*Phosphorus: Past and Future*）（Oxford University Press，2020）。

[194] **"我们必须同时做到这两件事"**：吉姆·埃尔瑟与萨利·罗基（Sally Rockey），2018 磷论坛（*Phosphorus Forum 2018*）（磷可持续发展联盟，2018 年 4 月 2 日），视频，59:11，检索于 2022 年 4 月 21 日，https://www.youtube.com/watch?v=8A9NFkSwji8。

[195] **我们把数百万年来……沉积的磷开采出来**：詹姆斯·埃尔瑟，与作者的讨论，2020 年 8 月 3 日。

[196] **利比希在 1859 年写给《伦敦泰晤士报》的信中写道**：尤斯图斯·冯·利比希，"论英国的农业和下水道"（On English Farming and Sewers），*Monthly Review* 第 70 卷，第 3 期（2018 年 7—8 月），检索于 2022 年 4 月，https://monthlyreview.org/2018/07/01/on-english-farming-and-sewers/。

[197] **"把维持生命和健康的元素转化为疾病和死亡的病菌"**：亨利·梅休，《伦敦的劳工与伦敦的穷人》（*London Labour and the London Poor*）（London: Penguin Classics，2006），第 181—182 页。首次见到该段是在斯蒂芬·约翰逊（Stephen Johnson）的《死亡地图》（*The Ghost Map*）（New York: Riverhead，2006），第 116 页。

[198] **雨果在《悲惨世界》中写道**：维克多·雨果，《悲惨世界》（*Les Miserables*），克里斯蒂娜·多诺（Christine Donougher）译（New York: Penguin，2013），第 1126—1127 页。

[199] **1899 年，上海的英籍卫生官员写道**：阿瑟·斯坦利博士（Dr. Arthur Stanley），1899 年年度报告，摘自 F. H. 金，《四千年农夫：中国、朝鲜和日本的永续农业》（Madison, WI: Mrs. F. H. King，1911），第 198—199 页。

[200] **欧式的下水道系统……会导致……"公共卫生方面的自戕"情形**：斯坦利，引自金《四千年农夫》。

[201] **认真研究……几个世纪的做法**：金，《四千年农夫》，第 193 页。

[202] **以当今的美元计算，价值约为 100 万美元**：金，《四千年农夫》，第 9 页。

[203] **"这个孩子的脸上看不出一丁点儿不悦的神情"**：金，《四千年农夫》，第 201—202 页。

[204] **"没有任何迹象表明，我们最终不会被迫也采取这种做法"**：金，《四千

年农夫》，第 215 页。

[205] **省份……仍在使用……生活垃圾为农作物施肥：** 刘颖（Ying Liu），黄季焜（Jikun Huang），与普雷舍斯·齐卡利（Precious Zikhali），“人类排泄物作为粪肥在中国农村的应用”（Use of Human Excreta as Manure in Rural China），*Journal of Integrative Agriculture* 第 13 卷（2014），第 434—442 页。

[206] **“从这一点来讲”：** 里克·巴雷特（Rick Barrett），*Milwaukee Journal Sentinel*，2022 年 2 月 28 日。

[207] **著名的斯德哥尔摩水奖得主……史蒂夫·卡彭特：** 史蒂夫·卡彭特，与作者的讨论，2019 年 8 月 7 日。

[208] **美国近 1/3 的猪肉……产量用于出口：** 美国肉类出口协会（US Meat Export Federation），“2019 年美国猪肉出口额与出口量双破纪录”（U.S. Pork Exports Soared to New Value, Volume Records in 2019），National Hog Farmer，2020 年 2 月 6 日，检索于 2022 年 4 月 22 日，https://www.nationalhogfarmer.com/marketing/us-pork-exports-soared-new-value-volume-records-2019。

[209] **近 1/5 的家禽：** 经济研究局（Economic Research Service），“禽蛋”（Poultry & Eggs），美国农业部，最新更新日期为 2022 年 4 月 28 日，检索于 2022 年 5 月 24 日，https://www.ers.usda.gov/topics/animal-products/poultry-eggs/。

[210] **克丽丝塔·威金顿是该研究项目负责人之一，她说：** 密歇根大学新闻通稿，2020 年 1 月 22 日。

[211] **从服用过各种药物的全体人群中……是否安全：** 尿液循环（*Peecycling*）（密歇根大学，2015 年 4 月 7 日），视频，10:08，https://www.youtube.com/watch ?v=dCV3kWhjfI4&t=108s，见妮可尔·卡萨尔·穆尔（Nicole Casal Moore），“一笔 300 万美元的拨款用于将尿液转化为粮食作物肥料”（A $3M Grant to Turn Urine into Food Crop Fertilizer），密歇根大学新闻稿，2016 年 9 月 8 日，https://news.umich.edu/a-3m-grant-to-turn-urine-into-food-crop-fertilizer/。

[212] **“那些胡萝卜是用尿液做肥料种植的？不会吧”：** 尿液循环（密歇根大学，2015 年 4 月 7 日）。

[213] **这项公关活动有一个视频，主角是名为“尿尿”的一滴尿液，用它来提倡“尿液循环”：** 尿尿推出尿液分流和尿液衍生肥料！（*Uri Nation*

Introduces Urine Diversion and Urine Derived Fertilizers!)(密歇根大学，2018年9月29日)，视频，6:33，检索于2022年4月22日，https://www.youtube.com/watch?v=iX1F4dYLF84&t=4s。

[214] **危害到饮用水供应、海滩浴场和渔场的安全：**吉姆·埃里克森(Jim Erickson)，"'尿液循环'的回报：城市规模的尿液分流呈现出多重环境效益"('Peecycling' Payoff: Urine Diversion Shows Multiple Environmental Benefits when Used at City Scale)，密歇根大学新闻通稿，2020年12月15日，https://news.umich.edu/peecycling-payoff-urine-diversion-shows-multiple-environmental-benefits-when-used-at-city-scale/。

[215] **一套营养物质回收系统，预计能将所排放水中的磷含量减少约30%：***Chicago Tribune*，2016年5月15日。

[216] **共同为处理厂提供了充足的动力：**"港口的能源转型：一个经济成功的故事"(Energy Transition in the Port: An Economic Success Story)，Hamburg Marketing，德国，2018，https://marketing.hamburg.de/energy-transition-in-hamburgs-port.html。

部分参考书目

阿什利，K.，D. 科德尔，与 D. 马文尼克（D. Mavinic）.2011.“磷的简史：从点金石到养分的恢复与再利用”（A Brief History of Phosphorus: From the Philosopher's Stone to Nutrient Recovery and Reuse）. *Chemosphere* 第 84 卷，第 6 期 .

阿西莫夫，艾萨克（Asimov, Isaac）.1974.《阿西莫夫论化学》（*Asimov on Chemistry*）. Garden City, NY: Doubleday.

宾德，铂尔 .1977.《宝藏之岛：大洋岛居民的苦难》. London: Blond and Briggs.

布莱基，阿奇·弗雷德里克 .1976.《佛罗里达的磷酸盐工业：一种重要矿物的开发和利用史》. Cambridge, Mass: Wertheim Committee, Harvard University，由 Harvard University Press 发行 .

布尔哈弗，赫尔曼（Boerhaave, Herman）.1735.《化学元素：赫尔曼·布尔哈弗医学博士年度演讲集》（*Elements of Chemistry: Being the Annual Lectures of Hermann Boerhaave. M.D.*）蒂莫西·达洛维（Timothy Dallowe）译自拉丁语原文 . 第 2 卷 . London: J. and J. Pemberton.

博廷，道格拉斯（Botting, Douglas）.1973.《洪堡与宇宙》（*Humboldt and the Cosmos*）. London: Joseph.

布罗克，威廉·H. 1997.《尤斯图斯·冯·利比希：化学守门人》. Cambridge: Cambridge University Press.

科德尔，达娜，与斯图尔特·怀特 .2014.“生命的瓶颈：维护世界磷安全保障未来粮食供应”（Life’s Bottleneck: Sustaining the World’s Phosphorus for a Food Secure Future）. *Annual Review of Environment and Resources* 第 39 卷，第 1 期（10 月）：第 161—188 页 .

库什曼，格雷戈里 · T. 2013.《海鸟粪与太平洋世界的开放：全球生态史》. Cambridge: Cambridge University Press.

戴尔，戴维斯，弗雷德里克 · 达尔泽尔，与罗伊娜 · 奥莱加里奥 .2004.《浪尖上的宝洁：宝洁 165 年品牌建设的经验教训》. Boston, Mass: Harvard Business School Press.

戴尔，格温 .1985.《战争》（*War*）. 第 1 版 . New York: Crown.

伊根，丹 .2017.《大湖的兴衰》（*The Death and Life of the Great Lakes*）. New York: W. W. Norton.

埃利斯，艾伯特 · F. 1936.《大洋岛与瑙鲁：它们的故事》. Sydney, Australia: Angus and Robertson.

埃尔瑟，詹姆斯 · J.，与菲利普 · M. 海加思，《磷：过去与未来》. New York: Oxford University Press.

埃姆斯利，约翰 .2000.《磷的惊人历史：魔鬼元素传记》. London: Macmillan.

《富营养化：原因、后果、纠正措施；研讨会论文集》（*Eutrophication: Causes, Consequences, Correctives; Proceedings of a Symposium*）. 1969. Washington, DC: 美国国家科学院（National Academy of Sciences）.

弗里德里克，约尔格 .2006.《裂焰：对德国的轰炸，1940—1945》. 艾利森 · 布朗（Allison Brown）译 . New York: Columbia University Press.

格伦沃尔德，迈克尔 .2007.《沼泽：大沼泽地，佛罗里达与天堂的政治》.First Simon & Schuster 纸质版 . New York: Simon & Schuster.

哈里斯，阿瑟 · 特拉弗斯 .1947.《轰炸机攻势》. London: Collins.

亨德森-塞勒斯，布莱恩（Henderson-Sellers, Brian），与 H · R · 马克兰（H. R. Markland）.1987.《衰败的湖泊：人为富营养化的起因与控制》（*Decaying Lakes: The Origin and Control of Cultural Eutrophication*）. Chichester, West Sussex: Wiley.

霍奇斯，托尼 .1983.《西撒哈拉：沙漠战争的根源》. Westport, Conn: L. Hill.

霍利特，D. 2008.《比黄金更珍贵：秘鲁鸟粪贸易的故事》. Madison, NJ: Fairleigh Dickinson University Press.

雨果，维克多与克里斯蒂娜 · 多诺 .2015.《悲惨世界》. 克里斯蒂娜 · 多诺译并注 . 罗伯特 · 图姆斯作序 .New York: Penguin.

詹森，埃里克（Jensen, Erik）.2005.《西撒哈拉：剖析僵局》（*Western Sahara: Anatomy of a Stalemate*）. Boulder, Colo: Lynne Rienner.

约翰逊，斯蒂芬 .2006.《死亡地图：伦敦最令人恐惧的流行病的故事——以及它如何改变了科学、城市和现代世界》（*The Ghost Map: The Story of London's Most Terrifying Epidemic — and How It Changed Science, Cities, and the Modern World*）. New York: Riverhead.

卡斯辛格，露丝（Kassinger, Ruth）.2019.《黏液：藻类如何创造了我们，困扰着我们，或许还能拯救我们》（*Slime: How Algae Created Us, Plague Us, and Just Might Save Us*）. Boston: Houghton Mifflin Harcourt.

基根，约翰（Keegan, John）.1976.《战争的面目》（*The Face of Battle*）. London: J. Cape.

金，F. H. 1973.《四千年农夫：中国、朝鲜和日本的永续农业》. Emmaus, Pa: Rodale Press.

麦克唐纳，巴里（Macdonald, Barrie）.1982.《帝国的灰姑娘：基里巴斯和图瓦卢历史的一部作品》（*Cinderellas of the Empire: Towards a History of Kiribati and Tuvalu*）. Canberra: Australian National University Press.

麦克法兰，艾伦（Macfarlane, Alan）.1997.《野蛮的和平战争：英国、日本和马尔萨斯陷阱》（*The Savage Wars of Peace: England, Japan and the Malthusian Trap*）. Oxford: Blackwell.

马修，W. M.（Mathew, W. M.）.1981.《吉布斯公司与秘鲁海鸟粪的垄断》. London: Royal Historical Society.

莫德，H. C.，与莫德，H. E. 1994.《巴纳巴岛通鉴》. Suva: University of the South Pacific.

米德尔布鲁克，马丁（Middlebrook, Martin）.1981.《汉堡战役：1943 年盟军对一座德国城市的轰炸》（*The Battle of Hamburg: Allied Bomber Forces against a German City in 1943*）. New York: Scribner's.

马斯格鲁夫，戈登（Musgrove, Gordon）.1981.《蛾摩拉行动：对汉堡的火焰暴风突袭》（*Operation Gomorrah: The Hamburg Firestorm Raids*）. London: Jane's.

诺萨克，汉斯·埃里克（Nossack, Hans Erich）.2004.《结局：1943 年的汉堡》（*The End: Hamburg 1943*）. Chicago: University of Chicago Press.

伯纳德，奥康纳，与莱尔·索拉诺（Leyre Solano）.2014.《西班牙的磷酸盐业者：西班牙磷酸盐工业的起源与发展》（*The Spanish Phosphateers: The*

Origins and Development of Spain's Phosphate Industry）. Lulu.com.
伯纳德，奥康纳 .1993.《19 世纪英国肥料工业的起源、发展及影响》（*The Origins, Development and Impact of Britain's 19th Century Fertilizer Industry*）. Peterborough: Fertilizer Manufacturers Association.
奥弗里，R. J. 2014.《轰炸者与被炸者：盟军的欧洲之战，1940—1945》. New York: Viking.
皮尔斯，帕特里夏 .2006.《侏罗纪玛丽：玛丽・安宁与远古时期的怪兽》. Stroud, Gloucestershire: The History Press.
普林奇佩，劳伦斯 .2013.《炼金术的秘密》.Chicago: University of Chicago Press.
罗兹，理查德 .1986.《原子弹的制造》（*The Making of the Atomic Bomb*）. New York: Simon & Schuster.
罗森，朱莉娅（Rosen, Julia）.2021. "人类正在用水冲掉一项生命的基本元素"（Humanity Is Flushing Away One of Life's Essential Elements）. *The Atlantic*（2 月 8 日）.
罗素，爱德华・J（Russell, Edward J）.1966.《英国农业科学史，1620—1954》. London: Allen & Unwin.
萨克斯，阿龙（Sachs, Aaron）.2006.《洪堡寒流：19 世纪的探索与美国环境主义的根源》（*The Humboldt Current: Nineteenth-Century Exploration and the Roots of American Environmentalism*）. New York: Viking.
扎尔茨贝格，休・W（Salzberg, Hugh W）.1991.《从穴居人到化学家：环境与成就》（*From Caveman to Chemist: Circumstances and Achievements*）. Washington, DC: American Chemical Society.
圣马丁，巴勃罗（San Martín, Pablo）.2010.《西撒哈拉：难民国度》（*Western Sahara: The Refugee Nation*）. 第 1 版 . Cardiff: University of Wales Press.
申德勒，戴维・W 与约翰・R. 瓦伦泰恩 .2008.《藻暴：世界淡水与河口水体富营养化》（*The Algal Bowl: Overfertilization of the World's Freshwaters and Estuaries*）. 修订扩展版 .Edmonton: University of Alberta Press.
施赖伯，格哈德（Schreiber, Gerhard），克劳斯・A. 马耶尔（Klaus A. Maier），P. S. 法拉（P. S. Falla），与威廉・戴斯特（Wilhelm Deist）.1990.《德国与第二次世界大战》（*Germany and the Second World War*）. Oxford: Clarendon Press.
谢利，托比（Shelley, Toby）.2004.《西撒哈拉残局：非洲最后一块殖民地的未来会怎样？》（*Endgame in the Western Sahara: What Future for Africa's Last Colony?*）London: Zed Books.

申南，珍妮弗（Shennan, Jennifer），与梅金·科里·泰克尼梅腾（Makin Corrie Tekenimatang）.2005.《一个半太平洋岛屿：巴纳巴人讲述自己的故事》（*One and a Half Pacific Islands: Stories the Banaban People Tell of Themselves/ Teuana Ao Teiterana n Aba n Te Betebeke: I-Banaba Aika a Karakin Oin Rongorongoia*）. Wellington, NZ: Victoria University Press.

西格拉，拉奥贝亚·肯，与斯泰茜·M. 金 .2001.《巴纳巴辑要》. Suva: University of the South Pacific.

斯卡格斯，吉米·M（Skaggs, Jimmy M）.1994.《鸟粪狂潮：企业家与美国的海外扩张》. New York: St. Martin's Press.

斯图尔特，瓦特 .1951.《秘鲁对中国人的奴役》. Durham, NC: Duke University Press.

斯韦齐，阿勒夏（Swasy, Alecia）.1993.《肥皂剧：宝洁的内幕》（*Soap Opera: The Inside Story of Procter & Gamble*）. 第 1 版 . New York: Times Books.

泰瓦，凯特琳娜·马丁娜 .2014.《迷人的大洋岛：巴纳巴人和磷酸盐的故事》. Bloomington: Indiana University Press.

思雷福尔，理查德·E（Threlfall, Richard E）.1951.《百年制磷的故事，1851—1951》（*The Story of 100 Years of Phosphorus Making, 1851–1951*）. Oldbury, England: Albright & Wilson.

瓦伦泰恩，约翰·R. 1974.《藻暴：湖泊与人类》. 渥太华：环境部，渔业与海事局 .

冯·哈根，维克托·沃尔夫冈 .1945.《南美的召唤：伟大的博物学家拉孔达明、洪堡、达尔文、斯普鲁斯的探索》. New York: Knopf.

韦林，R. H（Waring, R. H.），G. B. 史蒂文顿（G. B. Steventon），与史蒂夫·米切尔（Steve Mitchell）. 2002《死亡分子》（*Molecules of Death*）. London: Imperial College Press.

威克斯，玛丽·阿尔维拉，与亨利·马歇尔·莱斯特（Henry Marshall Leicester）.1968.《化学元素发现史，由亨利·马歇尔·莱斯特修订补充，插画由 F. B. 戴恩斯收集》（*Discovery of the Elements. Completely Rev. and New Material Added by Henry M. Leicester. Illus. Collected by F. B. Dains*）. 第 7 版 . Easton, Pa: Journal of Chemical Education.

威廉斯，马斯林（Williams, Maslyn），与巴里·麦克唐纳 .1985.《磷酸盐业者：英国磷酸盐专员和圣诞岛磷酸盐委员会的历史》（*The Phosphateers: A History of the British Phosphate Commissioners and the Christmas Island*

Phosphate Commission）. Carlton, Vic: Melbourne University Press.

伍尔夫，安德烈娅 . 2015.《创造自然：亚历山大·冯·洪堡的科学发现之旅》. 美洲第 1 版 . New York: Knopf.

怀恩特，卡尔·A（Wyant, Karl A），杰西卡·R. 科尔曼（Jessica R. Corman），与吉姆·J. 埃尔瑟（Jim J. Elser）.2013.《磷、食物与我们的未来》（*Phosphorus, Food, and Our Future*）. Oxford: Oxford University Press.

兹维克，戴维，马西·本斯托克，与拉尔夫·纳德 .1971.《水的荒原：拉尔夫·纳德研究小组的水污染报告》. New York: Grossman.

科学新视角丛书

《深海探险简史》

［美］罗伯特·巴拉德　著　罗瑞龙　宋婷婷　崔维成　周　悦　译

本书带领读者离开熟悉的海面，跟随着先驱们的步伐，进入广袤且永恒黑暗的深海中，不畏艰险地进行着一次又一次的尝试，不断地探索深海的奥秘。

《万物终结简史：人类、星球、宇宙终结的故事》

［英］克里斯·英庇　著　周　敏　译

本书视角宽广，从微生物、人类、地球、星系直到宇宙，从古老的生命起源、现今的人类居住环境直至遥远的未来甚至时间终点，从身边的亲密事物、事件直至接近永恒以及永恒的各种可能性。

《耕作革命——让土壤焕发生机》

［美］戴维·蒙哥马利　著　张甘霖　译

当前社会人口不断增长，土地肥力却在不断下降，现代文明再次面临粮食危机。本书揭示了可持续农业的方法——免耕、农作物覆盖和多样化轮作。这三种方法的结合，能很好地重建土地的肥力，提高产量，减少污染（化学品的使用），并且还可以节能减排。

《理化学研究所：沧桑百年的日本科研巨头》

［日］山根一眞　著　戎圭明　译

理化学研究所百年发展历程，为读者了解日本的科研和大型科研机构管理提供了有益的参考。

《纯科学的政治》

［美］丹尼尔·S. 格林伯格　著　李兆栋　刘　健　译　方益昉　审校

基于科学界内部以及与科学相关的诸多人的回忆和观点，格林伯格对美国科学何以发展壮大进行了厘清，从中可以窥见美国何以成为世界科学中心，对我国的科学发展、科研战略制定、科学制度完善和科学管理有借鉴意义。

《写在基因里的食谱——关于基因、饮食与文化的思考》

［美］加里·保罗·纳卜汉　著　秋　凉　译

这一关于人群与本地食物协同演化的探索是如此及时……将严谨的科学和逸闻趣事结合在一起，纳卜汉令人信服地阐述了个人健康既来自与遗传背景相适应的食物，也来自健康的土地和文化。

《解密帕金森病——人类 200 年探索之旅》

［美］乔恩·帕尔弗里曼　著　黄延焱　译

本书引人入胜的叙述方式、丰富的案例和精彩的故事，展现了人类征服帕金森病之路的曲折和探索的勇气。

《巨浪来袭——海面上升与文明世界的重建》

［美］杰夫·古德尔　著　高　抒　译

随着全球变暖、冰川融化，海面上升已经是不争的事实。本书是对这场即将到来的灾难的生动解读，作者穿越 12 个国家，聚焦迈阿密、威尼斯等正受海面上升影响的典型城市，从气候变化前线发回报道。书中不仅详细介绍了海面上升的原因及其产生的后果，还描述了不同国家和人们对这场危机的不同反应。

《人为什么会生病：人体演化与医学新疆界》
[美]杰里米·泰勒（Jeremy Taylor）著　秋　凉　译
本书视角新颖，以一种全新而富有成效的方式追溯许多疾病的根源，从而使我们明白人为什么易患某些疾病，以及如何利用这些知识来治疗或预防疾病。

《法拉第和皇家研究院——一个人杰地灵的历史故事》
[英]约翰·迈里格·托马斯（John Meurig Thomas）著　周午纵　高　川　译
本书以科学家的视角讲述了19世纪英国皇家研究院中发生的以法拉第为主角的一些人杰地灵的故事，皇家研究院浓厚的科学和文化氛围滋养着法拉第，法拉第杰出的科学发现和科普工作也成就了皇家研究院。

《第6次大灭绝——人类能挺过去吗》
[美]安娜莉·内维茨（Annalee Newitz）著　徐洪河　蒋　青　译
本书从地质历史时期的化石生物故事讲起，追溯生命如何度过一次次大灭绝，以及人类走出非洲的艰难历程，探讨如何运用科技和人类的智慧，应对即将到来的种种灾难，最后带领读者展望人类的未来。

《不完美的大脑：进化如何赋予我们爱情、记忆和美梦》
[美]戴维·J.林登（David J. Linden）著　沈　颖　等译
本书作者认为人脑是在长期进化过程中自然形成的组织系统，而不是刻意设计的产物，他将脑比作可叠加新成分的甜筒冰淇淋！并以这一思路为主线介绍了大脑的构成和基本发育，及其产生的感觉和感情等，进而描述脑如何支配学习、记忆和个性，如何决定性行为和性倾向，以及脑在睡眠和梦中的活动机制。

《国家实验室：美国体制中的科学（1947—1974）》
[美]彼得·J.维斯特维克（Peter J. Westwick）著　钟　扬　黄艳燕　等译
本书通过追溯美国国家实验室在美国科学研究发展中的发展轨迹，使读者领略美国国家实验室体系怎样发展成为一种代表美国在冷战时期竞争与分权的理想模式，对了解这段历史所折射出的研究机构周围的政治体系及文化价值观具有很好的参考价值。

《生活中的毒理学》
[美]史蒂芬·G.吉尔伯特（Steven G. Gilbert）著　顾新生　周志俊　刘江红　等译
本书通俗而简洁地介绍了日常生活中可能面临的来自如酒精、咖啡因、尼古丁等常见化学物质，及各类重金属、空气或土壤中污染物等各类毒性物质的威胁，让我们有所警觉、保护自己的健康。讲述了一些有关的历史事件及其背后的毒理机制及监管标准的由来，以及对化学品进行危险度评估与管理的方法与原则。

《恐惧的本质：野生动物的生存法则》
[美]丹尼尔·T.布卢姆斯坦（Daniel T. Blumstein）著　温建平　译
完全没有风险的生活是不存在的，通过阅读本书，你会意识到为什么恐惧成就了我们人类，以及如何通过克服恐惧，更好地了解自己、改善我们的生活。

《动物会做梦吗：动物的意识秘境》
[美]戴维·培尼亚-古斯曼（David M. Peña-Guzmán）著　顾凡及　译
人类是地球上唯一会做梦的生物吗？当动物睡着时头脑里究竟发生了什么？研究动物梦对于

我们来说又有什么意义呢？通过阅读本书，您将进入非人类意识的奇异世界，转变对待动物的态度，开启美妙的科学探索之旅。

《野狼的回归：美国灰狼的生死轮回》

［美］布伦达·彼得森（Brenda Peterson） 著 蒋志刚 丁晨晨 李 娜 伊莉娜 曹丹丹 珠 岚 译

本书生动记录了美国300年来（特别是1993年以来）野狼回归的艰难历程：原住民敬畏狼，殖民者消灭狼；濒危的狼被重引人黄石公园后，不仅种群扩大，还通过营养级联效应帮助生态系统恢复健康。书中利益相关方的博弈为了解北美原野打开了一扇窗，并可通过人与狼的关系理解美国历史、美国人的特性和国家认同，而狼的历史就是美国人与自然关系的镜子。

《癌症：进化的遗产》

［英］麦尔·格里夫斯 著 闻朝君 译 陈赛娟 王一煌 主审

本书从达尔文进化论的角度对癌症的发生发展做了多维的动态的阐述，对很多困扰癌症研究者的难题给出了独特且合理的解释：癌症并不是新生疾病，它在自然界普遍存在。因为癌症本身就是地球生命数十亿年进化过程的自然产物。只要有进化，就会有突变，也就会有癌症。这一独特观点为癌症研究和治疗提供了崭新的思路。

《火星生命：一部数百年的人类探寻史》

［美］戴维·温特劳布（David A. Weintraub） 著 傅承启 译

人类对火星进行过哪些探索？如今，人们对火星生命有了怎样的认知？本书对这些议题进行了详细系统的讲述，既立足于历史，又紧随前沿进展。本书是人类探索火星生命的“科学史”，详细回顾了数百年来的种种努力。本书还是一部人类探索的“奋斗史”，有成功、有波折，有艰辛、有喜悦。

《魔鬼元素——磷与失衡的世界》

［美］丹·伊根（Dan Egan） 著 温建平 译

本书以宏大的视野和深刻的洞察力，详细描绘了磷元素从开采到生产，再到消费，直至其资源过度开采与滥用所带来环境影响的全过程，深入剖析了磷元素在现代农业、全球经济、政治格局以及自然生态系统中的复杂角色与深远影响。不仅是科学家、环保主义者和政策制定者的宝贵参考资料，更是每一位关心地球未来、渴望了解我们生存环境的普通读者的必读之选。